1 MONTH OF
FREE
READING

at

www.ForgottenBooks.com

By purchasing this book you are eligible for one month membership to ForgottenBooks.com, giving you unlimited access to our entire collection of over 1,000,000 titles via our web site and mobile apps.

To claim your free month visit:

www.forgottenbooks.com/free579250

ISBN 978-0-656-71720-0
PIBN 10579250

This book is a reproduction of an important historical work. Forgotten Books uses state-of-the-art technology to digitally reconstruct the work, preserving the original format whilst repairing imperfections present in the aged copy. In rare cases, an imperfection in the original, such as a blemish or missing page, may be replicated in our edition. We do, however, repair the vast majority of imperfections successfully; any imperfections that remain are intentionally left to preserve the state of such historical works.

NOUVELLE FONCTION DU FOIE.

Chez les mêmes libraires.

RECHERCHES EXPÉRIMENTALES SUR LES FONCTIONS DU NERF SPINAL ou accessoire de Willis, par le docteur Claude BERNARD. Paris, 1851, in-4 avec 2 planches.

Sous presse, pour paraître à la fin de 1853.

TRAITÉ DE PHYSIOLOGIE EXPÉRIMENTALE, comprenant les applications à la pathologie, par le docteur Claude BERNARD, 2 vol. in-8 avec figures intercalées dans le texte.

PARIS. — IMPRIMERIE DE L. MARTINET, RUE MIGNON, 2.

NOUVELLE FONCTION

DU FOIE

CONSIDÉRÉ

COMME ORGANE PRODUCTEUR DE MATIÈRE SUCRÉE

CHEZ L'HOMME ET LES ANIMAUX,

PAR

M. Claude BERNARD,

Docteur en médecine et Docteur ès-sciences;
Professeur de physiologie expérimentale, suppléant de M. Magendie
au Collége de France; Lauréat de l'Institut (Académie des sciences); Membre
des Sociétés de biologie, philomatique de Paris; Correspondant de l'Académie de médecine
de Turin; des Sociétés médicales et des sciences naturelles de Lyon,
de Suisse, de Vienne, etc.

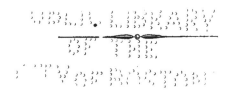

A PARIS,

CHEZ J.-B. BAILLIÈRE,

LIBRAIRE DE L'ACADÉMIE IMPÉRIALE DE MÉDECINE,

RUE HAUTEFEUILLE, 19.

A LONDRES, CHEZ H. BAILLIÈRE, 219, REGENT STREET.

A NEW-YORK, CHEZ H. BAILLIÈRE, 290, BROADWAY.

A MADRID, CHEZ C. BAILLY-BAILLIÈRE, CALLE DEL PRINCIPE, 11.

1853.

M. MAGENDIE.

M. RAYER.

CLAUDE BERNARD.

NOUVELLE FONCTION DU FOIE

CONSIDÉRÉ

COMME ORGANE PRODUCTEUR DE MATIÈRE SUCRÉE

CHEZ L'HOMME ET LES ANIMAUX.

PRÉLIMINAIRES.

J'établirai dans ce travail que les animaux aussi bien que les végétaux ont la faculté de produire du sucre. Je montrerai en outre que cette fonction animale, restée jusqu'ici inconnue, doit être localisée dans le foie.

Les résultats inattendus auxquels je suis arrivé relativement à cette production singulière de sucre dans le foie paraîtront, je l'espère, appuyés sur des preuves incontestables. Mais avant d'entrer dans la description des faits particuliers à cette question, il m'a semblé utile d'indiquer préliminairement par quelle série d'idées j'ai été guidé dans ces recherches physiologiques. Cet exposé, qui montrera comment j'ai successivement procédé dans mes expérimentations, prouvera de plus que la découverte qui fait l'objet de ce mémoire est due à la physiologie expérimentale, c'est-à-dire qu'il n'aurait pas été possible d'y arriver sans l'investigation directe sur les animaux vivants.

En effet, comment aurait-on pu être conduit seulement par l'anatomie à savoir que le foie produit de la matière sucrée qui est incessamment déversée dans le sang pour les besoins des phénomènes nutritifs? Aucune induction tirée de la conformation ou de la structure de cet organe ne pouvait mettre sur la voie, et les études microscopiques les plus minutieuses sur la cellule et les vaisseaux hépatiques n'auraient certainement jamais amené à la connaissance d'une semblable fonction.

Les progrès rapides de la chimie organique et l'impulsion physiologique féconde donnée à cette science par les chimistes modernes et en particulier par les travaux de MM. Dumas en France, Liebig en Allemagne, etc., avaient jeté le plus grand jour sur les diverses questions relatives à la nutrition chez les animaux. Mais ce flambeau si lumineux de la chimie n'aurait éclairé que la surface des phénomènes de la vie, si la physiologie expérimentale ne s'en était emparé pour le porter jusqu'au sein de nos organes, au milieu de nos fonctions intérieures, dont un grand nombre sont encore entourées de tant de mystères. A l'aide de ce secours puissant, j'ai pu démontrer qu'il existe en nous, ainsi que dans tous les organismes animaux, une constante fabrication de sucre, dont les phénomènes profondément cachés ne se laissaient soupçonner par rien et ne se traduisaient au dehors par aucune manifestation évidente.

L'observation des actes nutritifs comparés chez les végétaux et chez les animaux faisait au contraire penser que l'organisme animal était incapable de produire de la matière sucrée. En effet, le sucre et la fécule formés en quantité considérable dans le règne végétal sont incessamment utilisés par les animaux qui les détruisent pour s'en nourrir. D'où résultent deux phénomènes en apparence corrélatifs, qui s'accomplissent constamment sous nos yeux, savoir : 1° *Production* abondante de matières saccharoïdes dans les végétaux. 2° *Destruction* rapide et incessante de ces mêmes produits pour l'alimentation des animaux. La science chimique appuyait cette idée, parce que, expérimentalement, elle n'a pu jusqu'ici produire du sucre fermentescible (glucose) qu'à la condition de faire toujours intervenir une substance fournie par le règne végétal, la fécule. Il était dès lors logique de croire que *les matières alimentaires sucrées ou féculentes devaient être l'origine exclusive des principes sucrés qu'on rencontre dans les fluides animaux.*

Cependant il y avait des choses tout à fait inexplicables dans cette maladie singulière connue sous le nom de *diabète sucré.* Cette affection bizarre se caractérise, comme on sait, par une apparition surabondante de sucre dans l'organisme au point que le sang en est surchargé, que tous les tissus en sont imprégnés et que les urines surtout en contiennent parfois des proportions énormes. Or, constamment dans ces cas et particulièrement quand la maladie est intense, la quantité de sucre expulsée par le diabétique est bien au-dessus de celle qui peut lui être fournie par les substances féculentes ou sucrées qui entrent dans son

9

alimentation, et la présence de la matière sucrée dans le sang et son expulsion par les urines ne sont jamais complétement arrêtées du moment même où l'on opère la suppression absolue des aliments féculents ou sucrés.

C'est après l'examen attentif de ces circonstances offertes par les diabétiques, et qui du reste sont connues de tous les médecins, que je fus conduit à penser qu'il pouvait y avoir dans l'organisme animal des phénomènes encore inconnus aux chimistes et aux physiologistes, capables de donner naissance à du sucre avec autre chose que les substances féculentes. Et dès 1843, ces faits devinrent pour moi un motif d'investigations physiologiques (1).

Mais on comprendra qu'il me fut impossible d'expérimenter directement sur la *production* du sucre dans l'organisme animal. Je ne pouvais saisir aucun indice de cette fonction, à l'état normal; et elle m'apparaissait seulement à l'état de phénomène pathologique chez les diabétiques pour s'évanouir ensuite et se dérober entièrement à mon observation chez les animaux sur lesquels je pouvais instituer mes expériences.

Il n'en était pas de même de la *destruction* du sucre des aliments : c'était au contraire un fait physiologique évident et facilement accessible à l'expérimentation. Il suffisait, pour rechercher le mécanisme de ce phénomène et pour trouver sa cause, d'introduire dans la circulation d'un animal bien portant une certaine quantité de matière sucrée et de l'y poursuivre ensuite dans le sang jusqu'au moment où elle disparaissait en se détruisant, c'est-à-dire en se transformant en d'autres produits. En déterminant de cette manière le tissu ou l'organe dans lequel s'opérerait cette disparition de sucre, on devait arriver à localiser

(1) C'est de 1843 que datent mes premières recherches sur l'assimilation ou la destruction du sucre dans l'organisme vivant, et c'est dans ma thèse inaugurale (Paris, 7 décembre 1843) qu'ont été consignées mes premières expériences à ce sujet. J'arrivai à démontrer un fait qu'on ignorait alors, à savoir que le sucre de canne ou sucre de première espèce ne peut pas être détruit directement dans le sang. Quand on injecte en solution dans l'eau une quantité même très faible de sucre de canne dans le sang ou sous la peau d'un lapin, on le retrouve ensuite dans l'urine de l'animal sans aucune altération, et avec tous ses caractères chimiques. Nous reviendrons ailleurs sur ces expériences, qui, depuis moi, ont été reproduites par un grand nombre d'expérimentateurs.

en un point précis *l'organe où l'agent assimilateur* du sucre chez les animaux vivants. Puis cet organe ou cet agent étant connu, j'avais l'idée de l'étudier comparativement chez les animaux carnivores et herbivores et ensuite de le supprimer, si cela était possible, afin d'essayer ainsi si je pourrais réaliser le diabète sucré artificiellement et parvenir à mettre en évidence une formation quelconque de matière sucrée dans l'organisme animal, etc.....

Tel était, d'après l'état de mes connaissances, le plan des expériences indirectes, et en quelque sorte détournées, que j'avais imaginé pour triompher de la difficulté du problème que j'avais à résoudre, afin d'arriver à savoir s'il y avait ou non *production de sucre dans les animaux sans l'intervention des aliments sucrés ou féculents.* Mais quand il s'agit de phénomènes aussi complexes que ceux qui se passent dans les êtres vivants, il nous échappe toujours, dans nos combinaisons expérimentales, une foule d'éléments parce qu'ils nous sont inconnus. Ces éléments venant ensuite à surgir inopinément peuvent sans doute déconcerter ou entraîner dans l'erreur un expérimentateur à opinions arrêtées et préconçues. Pour un observateur docile et attentif, ce sont, au contraire, des connaissances nouvelles dont il s'empare et qui souvent, lui fournissant d'autres idées, l'amènent à modifier profondément la direction primitive qu'il avait donnée à son expérimentation. C'est ce qui m'est arrivé dans ce cas particulier. J'ai dû bientôt abandonner mon premier point de vue, parce que la question *d'un organe producteur* de sucre que j'avais considérée comme la plus difficile à atteindre physiologiquement, s'est au contraire dévoilée la première et comme d'elle-même dès le début de mes recherches, ainsi qu'on va le voir par le récit de l'expérience suivante.

Je soumis un chien adulte et bien portant à une alimentation dans laquelle entrait une forte proportion de sucre. Chaque jour on lui donnait deux soupes au lait dans lesquelles on ajoutait du pain et du sucre ordinaire. Il est évident que l'animal ainsi nourri absorbait par son système veineux abdominal du sucre provenant de trois sources : 1° du sucre contenu dans le lait; 2° du sucre résultant de la digestion du pain; 3° du sucre de canne sur-ajouté à la soupe.

Mon but dans cette expérience était de suivre en quelque sorte pas à pas dans les voies circulatoires la matière sucrée des aliments, une fois qu'elle aurait été absorbée et transportée par le sang, d'abord dans le foie, puis dans le poumon et dans tous les autres tissus du corps.

Il s'agissait donc de savoir si le sucre serait détruit en traversant le foie, qui est le premier organe par lequel cette substance doit passer, lorsqu'elle a été absorbée par les rameaux de la veine porte. Pour cela le chien, qui depuis sept jours était soumis à l'alimentation sucrée, fut sacrifié par la section du bulbe rachidien pendant la période digestive. J'ouvris aussitôt et aussi vite que possible le thorax et l'abdomen, afin de rechercher si le sucre existait dans le sang des veines hépatiques, c'est-à-dire après avoir transversé le tissu du foie. Or, il me fut facile de constater, de la manière la plus nette, qu'il existait une grande quantité de sucre (glucose) dans le sang des veines hépathiques à leur abouchement dans la veine cave inférieure.

Il n'y avait rien dans ce résultat qui dût paraître surprenant de prime abord. La présence du sucre dans l'organisme du chien s'expliquait, en apparence, très bien par son alimentation, et l'existence de ce principe sucré dans le sang, qui sort du foie, semblait seulement indiquer que cet organe n'était point l'agent destructeur du sucre et que ce n'était que plus loin, soit dans le poumon, soit dans d'autres organes du corps, que l'assimilation de ce principe s'opérait.

Toutefois il fallait encore vérifier l'exactitude de ces résultats d'expérience par une contre-épreuve. Pour démontrer en effet, d'une manière péremptoire, que le sucre trouvé chez ce chien était bien celui provenant de ses aliments, qui avait traversé le foie sans être détruit, il était nécessaire de prouver qu'il n'y avait point de sucre dans le sang des veines hépatiques chez un autre chien nourri exclusivement avec de la viande ou avec d'autres substances dépourvues de matière sucrée. Cette méthode des expériences comparatives est la meilleure sauvegarde contre les causes d'erreur dans l'étude si difficile des phénomènes complexes des êtres vivants, et dans cette circonstance elle a été certainement pour moi la source des faits nouveaux que je vais exposer actuellement.

Pour établir ma contre-épreuve, un deuxième chien adulte et bien portant fut nourri exclusivement pendant sept jours avec de la viande (tête de mouton cuite), dont il mangeait à discrétion, et au bout de ce temps il fut sacrifié comme dans le premier cas par la section du bulbe rachidien pendant la période digestive. Je recueillis aussitôt le sang des veines hépatiques pour y rechercher la matière sucrée, et quelle fut ma surprise quand je constatai très facilement et d'une manière non douteuse qu'il y avait des quantités considérables de sucre (glucose) dans le sang qui sortait du foie chez le chien qui, par le fait de son alimentation composée de viande, avait été privé de sucre pendant sept jours, absolument comme chez l'autre, qui pendant le même laps de temps avait au contraire fait usage d'aliments fortement sucrés.

Ce résultat était trop inattendu et trop important pour que je dusse l'accepter sans scrupules. Le seul moyen d'éclairer mes doutes fut de reproduire mes expériences, ce que je fis sur deux autres chiens soumis au même régime alimentaire différentiel. Dans cette seconde épreuve comparative, j'obtins exactement les mêmes résultats, c'est-à-dire que je constatai qu'il y avait également du sucre (glucose) dans le sang récemment extrait des veines hépatiques chez les deux chiens, aussi bien chez celui nourri à la viande que chez celui nourri à la soupe sucrée. Enfin, pour compléter la démonstration de ce fait étonnant, je vérifiai, par l'autopsie des deux animaux, que, sous tous les rapports, les conditions de l'expérience étaient irréprochables. Je trouvai des proportions considérables de matière sucrée dans les substances que contenaient l'estomac et les intestins du chien nourri à la soupe sucrée, tandis que les aliments recueillis dans l'estomac et les intestins du chien soumis au régime de la viande ne renfermaient pas de traces de matière sucrée, et cependant, je le répète, le sang des veines hépatiques chez ces deux animaux était de même fortement sucré.

On comprendra sans peine maintenant pourquoi j'abandonnai aussitôt mon premier plan d'expérimentation pour me mettre entièrement à la poursuite de ce fait qui contenait à lui seul tout le nœud de la question. En effet, la constatation du sucre chez les animaux qui ne mangent que de la viande devenait un indice d'une fonction productrice de matière sucrée dans l'organisme à l'état physiologique, et c'était là, si l'on se le rappelle, le but final de toutes mes recherches. La question de la destruction du sucre devenait alors tout à fait secondaire, et le point le plus immédiatement important était de savoir d'où provenait le sucre que j'avais rencontré dans le sang des veines hépatiques chez le chien carnivore, c'est-à-dire nourri exclusivement avec de la viande.

Je devais naturellement être porté à chercher la source du sucre vers les organes abdominaux, puisque cette substance arrivait dans la veine cave inférieure par les veines hépatiques qui font suite au système veineux abdominal ou système de la veine porte.

Il restait seulement à déterminer quel pouvait être l'organe du ventre qui fournissait le sucre.

Ce n'était pas le canal intestinal, car j'avais constaté que les aliments (viande) qui y étaient renfermés étaient exempts de sucre, et je m'assurai de plus, en agissant convenablement (1), que le sang des veines mésaraïques, au sortir de l'intestin, était également dépourvu de matière sucrée.

Ce n'était pas la rate non plus, car le sang de la veine splénique ne renfermait pas de sucre; ce n'étaient ni le pancréas, ni les ganglions mésentériques ; le sang qui avait traversé ces organes était privé de sucre.

Enfin, après beaucoup d'essais et plusieurs illusions que je fus obligé de rectifier par des tâtonnements, j'arrivai à cette démonstration : que chez les chiens nourris à la viande, le sang de la veine porte ventrale ne renferme pas de sucre avant son entrée dans le foie, tandis qu'à la sortie de cet organe et en arrivant dans la veine cave inférieure par les veines hépatiques, le même liquide sanguin renferme des quantités considérables de principe sucré (glucose).

La conclusion était forcée; il fallait bien reconnaître que c'était en traversant le tissu hépatique que le sang acquérait sa propriété sucrée, et admettre qu'il y avait dans le foie une fonction particulière en vertu de laquelle le sucre se trouvait produit.

L'examen du tissu du foie donna, du reste, la raison surabondante des expériences. En faisant bouillir avec un peu d'eau du tissu du foie d'un chien nourri depuis quatorze jours exclusivement avec de la viande, j'obtins une décoction dans laquelle il était facile de démontrer la présence du sucre (glucose). Aucun autre tissu ou organe du corps traité de la même manière par l'ébullition dans l'eau ne donna une décoction sucrée.

Il resta donc démontré, d'après toutes ces expériences suffisamment répétées, *que le sucre pouvait exister dans l'organisme indépendam-*

(1) Voir plus loin pour le procédé expérimental.

ment des aliments féculents, et de plus il fut prouvé *que le foie était un organe produisant du sucre.*

Depuis le courant de l'année 1848 où je publiai mes premiers ré-sultats (1), j'ai considérablement étendu mes observations et mes recherches sur cette fonction nouvelle du foie qui consiste en une véritable génération ou sécrétion du sucre dans l'organisme animal aux dépens du sang qui traverse le tissu hépatique. J'ai démontré que cette fonction que personne, je crois, n'avait reconnue ni même soupçonnée avant moi, est une fonction générale existant chez tous les animaux. J'ai fait voir de plus que, s'il fallait considérer la formation du sucre dans le foie comme un phénomène essentiellement chimique, résultant d'une métamorphose de certains éléments du sang dans le foie pour donner naissance au glucose, il fallait cependant recon-naître que, semblable aux autres sécrétions qui dérivent également du sang, c'est là un de ces phénomènes chimiques spéciaux aux animaux vivants. Il ne peut, en effet, s'accomplir sans la participation de l'in-fluence nerveuse, et sous ce rapport, il n'est peut-être aucune fonction aussi directement influençable par l'action nerveuse que la formation du sucre dans le foie. J'ai montré qu'en agissant sur certaines parties du système nerveux, on peut à volonté supprimer la formation du sucre dans le foie ou l'accroître au point de rendre les animaux artificielle-ment diabétiques.

J'ai eu l'honneur de démontrer toutes ces expériences devant une commission de l'Académie des sciences (2) qui a accordé à mon travail le prix de physiologie expérimentale pour l'année 1850. J'ai également rendu témoin des mêmes faits un grand nombre de sa-vants de tous les pays. Enfin, j'ajouterai qu'aujourd'hui mes expé-riences ont été reproduites et confirmées par beaucoup d'expéri-mentateurs parmi lesquels je citerai Van den Broëk (3), Frerichs (4),

(1) Claude Bernard. *De l'origine du sucre dans l'économie animale.* (*Archives gé-nérales de médecine, octobre* 1848, et *Mémoires de la Société de biologie,* 1849, t. I, p. 221.)

(2) Cette commission était composée de MM. Flourens, Rayer, Duméril, Pelouze, Serres et Magendie.

(3) Van den Broëk. *On der zökingen over der vorming suiker in het organisme der dieren. Nederlansch lancet,* 1849, t. VI, p. 108-110.

(4) Article. *Verdaung in Rud. Wagner's Handwörterbuch,* p. 831, note 2.

Lehmann (1), Baumert (2), Gibb (3), A. Mitchell (4), etc., etc.

Après avoir prouvé qu'il existe dans les animaux une source intérieure de sucre qui leur est propre et qui est indépendante de la nature
de leur alimentation, la question de savoir ce que devient le sucre dans
l'organisme se présente naturellement. La matière sucrée qui est déversée
par le foie dans le fluide sanguin, pas plus que celle de provenance
alimentaire, ne sont destinées, à l'état normal, à être accumulées
dans le corps ou rejetées au dehors de l'organisme. Ce sucre, au
contraire, doit être incessamment assimilé et changé en d'autres
produits.

Toutes ces diverses questions ont été l'objet de mes études depuis
plusieurs années, et je pense que le moment est venu de résumer
dans un travail d'ensemble les résultats de toutes les recherches physiologiques que j'ai faites sur ce sujet. Chacun des faits particuliers
que j'ai dû publier isolément à mesure que je les découvrais, trouvera
ici son lien naturel, et chaque expérience, décrite avec détail, puisera
ses correctifs et ses réponses à quelques critiques trop hâtives, dans
le récit même des circonstances dans lesquelles elle sera établie.

La fonction productrice du sucre chez l'homme et les animaux,
telle que je la comprends aujourd'hui, doit être envisagée sous trois
faces différentes, qui comportent trois ordres différents de démonstration, savoir :

1° La démonstration expérimentale et l'histoire physiologique de la
production du sucre chez l'homme et les animaux, considérée en
elle-même et comme une fonction spéciale et normale du foie;

2° La démonstration du mécanisme par lequel la matière sucrée
produite se détruit et disparaît; et ses usages dans l'organisme
animal ;

3° Enfin, la démonstration de l'influence directe de l'activité ner-

(1) Lehmann. *Berichte über die Verhandlungen der kön. sächs. Gesellschaft der
Wissenschaft zu Leipzig*. 30 nov. 1851.

(2) Baumert. *Ueber das Vorkommen des Zuckers im thierischen Organismus*. (28. *Jah-
resbericht der schles. Gesellsch. f. Vaterland Cultur*. Breslau, 1851. 4 s. 22-25.

(3) Gibb. *Experiments on the livers of Birdes in relation to the presence of Sugar.*
(*Stethoscope, Virginia medical Gazette*, october, 1852.)

(4) Arthur Mitchell. *On the Occurence of Sugar in the animal Economy*. Glascow,
février 1850.

veuse sur cette production du sucre dans l'organisme. Cette question est sans contredit une des plus intéressantes de la physiologie des fonctions nutritives, en ce qu'elle apprend comment certains phénomènes de nature toute chimique peuvent cependant être soumis à l'influence vitale.

Ces trois points de vue devront être traités séparément, et dans des mémoires distincts, non seulement à raison de l'étendue des sujets qu'ils embrassent, mais surtout à cause des considérations et des idées toute spéciales qui se rattachent à leur exposition.

Dans ce Mémoire, je ne m'occuperai que de la première question, c'est-à-dire de la fonction au moyen de laquelle l'homme et les animaux produisent incessamment de la matière sucrée dans leur foie. Toutes mes démonstrations seront spécialement physiologiques. Cependant, afin de mettre les personnes qui le voudraient à même de répéter mes expériences, je dois ajouter, en terminant ces préliminaires, quelques mots sur la nature du sucre du foie et sur les moyens de recherche et de dosage que j'ai employés (1).

DE LA NATURE DU SUCRE PRODUIT PAR LE FOIE, ET DES PROCÉDÉS EMPLOYÉS POUR SA RECHERCHE ET POUR SON DOSAGE.

Le sucre du foie est éminemment fermentescible, et plus facilement décomposable dans l'organisme que tous les autres principes sucrés connus. De même que le sucre des diabétiques, dont il doit être rapproché, le sucre hépatique appartient aux sucres de la deuxième espèce ; il dévie la lumière polarisée à droite, n'est pas modifié par les acides, tandis que sa dissolution se colore par les alcalis caustiques et réduit le tartrate de cuivre dissous dans la potasse. Je vais indiquer sommairement le moyen de constater ces différents caractères du sucre du foie.

1° *La décoction sucrée du foie fermente au contact de la levure de bière, en donnant naissance à de l'alcool et à de l'acide carbonique.* — La fermentation alcoolique est le meilleur de tous les caractères pour s'assurer de la présence du sucre, et j'ai toujours regardé

(1) Beaucoup de ces expériences chimiques ont été faites dans le laboratoire de M. Pelouze, de concert avec mon ami M. Barreswil. *Comptes rendus de l'Académie des sciences,* 1848.

comme indispensable d'y recourir dans mes expériences. Pour cela, on prend le tissu du foie bien frais, provenant d'un animal tué en parfaite santé: on le réduit en pulpe en le broyant dans un mortier, ou mieux encore on le coupe en très petits morceaux avec un couteau bien tranchant, puis on y ajoute deux fois son poids d'eau environ. On porte à l'ébullition cette bouillie hépatique, et on l'y maintient pendant quelques instants, en ayant soin de remuer le mélange pour qu'il n'adhère pas aux parois de la capsule ou du vase dans lequel on le fait cuire. La cuisson a pour effet de crisper les vaisseaux et de coaguler la plus grande partie des substances albuminoïdes du foie. On passe ensuite le tout dans un linge ou dans un tamis, et l'on obtient ainsi une décoction souvent opaline et blanc-jaunâtre, contenant en dissolution la matière sucrée du foie, en même temps qu'un peu de caséine unie à de la graisse, diverses autres substances protéiques, beaucoup de chlorures, des phosphates et des sulfates en petite quantité (1) qui existent dans le tissu hépatique. C'est directement avec cette décoction du foie, concentrée (2) quand cela est nécessaire, que je mélange ordinairement la levure de bière pour opérer la transformation du sucre hépatique en alcool et en acide carbonique. Pendant la fermentation, on recueille l'acide carbonique à l'aide d'un appareil approprié pour constater ses caractères. Quand la température est inégale ou pas assez élevée, et que l'opération marche lentement, il se forme presque toujours en même temps que l'acide carbonique une faible quantité d'azote, ce qui fait penser qu'il s'est opéré avec la fermentation alcoolique un peu de fermentation lactique ou butyrique. Dans ces cas, la liqueur acquiert une réaction acide prononcée. Lorsque la fermentation est achevée, ce qu'on reconnaît à la cessation du dégagement d'acide carbonique et à ce que la décoction n'opère plus la réduction du tartrate de cuivre dissous dans la potasse, il faut obtenir

(1) Voyez F. E. von Bibra. *Chemische Fragmente über die Leber und die Galle.* Braunschveig, 1849.

(2) Au lieu de concentrer la solution sucrée du foie en évaporant l'eau, j'emploie le plus ordinairement un procédé inverse qui consiste à faire cuire de nouveau dans la première décoction hépatique une seconde quantité de foie frais, puis une troisième, une quatrième, et ainsi de suite. On peut faire passer ainsi successivement dans une petite portion de liquide des quantités considérables de foie, et l'on obtient ainsi facilement des décoctions hépatiques concentrées renfermant jusqu'à 6 ou 8 pour 100 de sucre, et même davantage.

l'alcool qui a été produit. Pour cela on distille la liqueur en recueillant seulement le premier tiers du liquide passé à la distillation. On mélange ce liquide distillé avec de la chaux vive ou de la potasse caustique pour le distiller de nouveau afin d'en obtenir l'alcool anhydre, ou au moins suffisamment concentré pour constater nettement ses caractères. L'alcool ainsi obtenu par la fermentation de la décoction du foie est un fluide limpide, incolore, d'une saveur alcoolique masquée souvent par une odeur étrangère désagréable qui paraît offrir quelque chose de spécial pour les diverses espèces d'animaux. Cet alcool, s'il est assez concentré, s'enflamme et brûle avec une flamme jaunâtre. Quand on a une solution alcoolique trop pauvre, afin de constater plus facilement les caractères de l'alcool, on chauffe à la lampe le liquide dans un tube fermé par un bout et un peu long. Pendant l'ébullition, on tient une allumette allumée à l'extrémité ouverte du tube, et l'on voit, quand l'appareil est suffisamment échauffé, les premières portions d'alcool brûler avec une flamme bleu-jaunâtre qui descend dans le tube en s'éteignant, pour reparaître bientôt après jusqu'à ce qu'il reste de l'alcool à volatiliser. Mélangé avec une dissolution de chromate de potasse à laquelle on ajoute de l'acide chlorhydrique, le liquide alcoolique résultant de la distillation donne lieu en chauffant à des phénomènes de réduction qui amènent une coloration verte du liquide par la formation de chlorure de chrome vert, en même temps qu'on constate aussi un dégagement d'odeur d'aldéhyde.

Quand on expérimente sur de très petits animaux qui ont un foie peu volumineux, il est important, si l'on ne peut obtenir l'alcool, de recueillir au moins tout l'acide carbonique produit par la fermentation. J'ai dans ces cas fait usage d'un appareil très simple qui consiste en un tube de verre T, plus ou moins grand suivant la quantité de liquide à examiner, et fermé par un bout B. On y place le liquide sucré du foie avec la levure de bière; puis on bouche le tube T avec un bouchon C, dans lequel on passe un tube effilé E, ouvert par le bout E et par le bout E' plongeant dans le liquide. En bouchant le tube T, il faut avoir soin d'en chasser complètement l'air. On maintient ensuite ce petit appareil dans un bain-marie à la température de 40 degrés centigrades environ, et de la fermentation s'établissant, l'acide carbonique produit est emprisonné à la partie supérieure du tube T, et fait pression sur le liquide qui s'échappe par le petit

tube EE'. A mesure .que la quantité d'acide carbonique augmente, le liquide sort du tube E et
est chassé au dehors. En prolongeant le tube E
et en le recourbant en R, on peut recueillir le
liquide écoulé et le conserver pour la distillation
ultérieure. Lorsque la fermentation est finie, on
ouvre le tube T sous l'eau, ou mieux sous le mercure, et l'on introduit en contact avec le gaz un
petit fragment de potasse qu'on agite en maintenant le tube bouché avec le doigt. L'acide carbonique étant absorbé par la potasse, on sent
le vide s'exercer sur l'extrémité du doigt qui
bouche le tube, et si l'on replace le tube dans
l'eau pour le déboucher, l'eau monte et remplit
complétement le tube, preuve que le gaz auquel
on avait affaire est bien de l'acide carbonique.

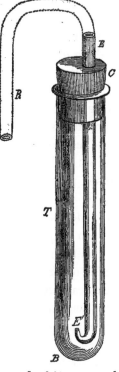

Pour découvrir par la fermentation la présence du sucre dans le sang ou dans les autres
liquides animaux, on agit d'une manière analogue. Dans le sérum du sang des veines
hépatiques, on constate très bien la présence
du sucre, en y mêlant directement de la levure de bière, et la
fermentation s'y manifeste en général avec une grande rapidité.

J'ajouterai que j'ai toujours employé de la levure de bière fraîche et
convenablement lavée, et, dans toutes mes expériences, j'ai institué
des épreuves comparatives avec de la levure de bière seule, de manière
à m'assurer que l'alcool formé et l'acide carbonique produit n'avaient
pas d'autre origine que le sucre hépatique. Enfin, aucun autre organe
du corps ne donne une décoction capable de produire avec la levure
de bière la fermentation alcoolique ; de sorte que ce caractère devient
distinctif pour la décoction du foie.

Lorsqu'on abandonne à elles-mêmes les décoctions hépatiques sucrées, il ne s'y développe pas des globules de ferment, comme cela a lieu
pour l'urine des diabétiques et pour quelques autres liquides animaux,
et la fermentation alcoolique ne s'y manifeste pas spontanément. Le
sucre disparaît en général rapidement dans ces liquides hépatiques,
mais toujours sous l'influence d'une fermentation lactique ou butyrique,

ce qui donne à la liqueur une réaction très acide au papier de tournesol. Lorsque la décoction du foie n'est pas sucrée, elle se décompose, en donnant, au contraire, une réaction ammoniacale très alcaline.

2° *La décoction du foie se colore en brun par les alcalis caustiques, et réduit le tartrate de cuivre dissous dans la potasse.* — Lorsqu'on fait bouillir la décoction sucrée du foie avec de la chaux, de la soude ou de la potasse caustique, le sucre se détruit en même temps que la dissolution se colore en jaune ou en brun plus ou moins foncé, suivant la richesse de la liqueur sucrée.

Si on mélange à la décoction du foie du tartrate de cuivre dissous dans la potasse, et qu'on porte à l'ébullition à feu nu ou à la température de 100 degrés centigrades dans un bain-marie, il se fait, sous l'influence de la chaleur, une réduction du sel de cuivre et une précipitation de protoxyde de cuivre jaune (hydraté) ou rouge (anhydre) plus ou moins abondant, suivant la quantité de sucre contenu dans le liquide qu'on examine.

Ces caractères, qui appartiennent à tous les sucres de la deuxième espèce, peuvent quelquefois être difficiles à saisir, quand on a une décoction hépatique trouble blanchâtre et déjà par elle-même plus ou moins colorée. Pour obtenir une décoction hépatique limpide dans laquelle on puisse facilement apercevoir le changement de coloration sous l'influence des alcalis caustiques, ainsi que la précipitation de l'oxyde de cuivre, on y ajoute un peu de sous-acétate de plomb ; on filtre, puis on se débarrasse de l'excès de plomb par le carbonate de soude ou d'ammoniaque.

Lorsqu'on veut constater la présence du sucre dans les liquides animaux très chargés de substances albumineuses, comme le sang ou le sérum du sang, il ne convient pas de les traiter directement par les alcalis caustiques ou par le tartrate de cuivre dissous dans la potasse, parce que l'albumine, et notamment la fibrine, qui ne gênent en rien la fermentation, peuvent au contraire s'opposer plus ou moins à la précipitation de l'oxyde de cuivre. On ajoutera à tous ces liquides chargés de matières animales (sang, sérum du sang, lait, sérosité, etc.), environ leur poids de sulfate de soude, qui, par l'ébullition, précipitera toutes les matières animales et colorantes (1). On agira alors avec les réactifs

_____

(1) Si c'est du sang très frais, il suffira d'y ajouter de l'eau une fois ou deux fois

sur ces liquides devenus limpides. Le sulfate de soude qui reste en excès dans le liquide ne nuit aucunement aux réactions de la potasse et du sel cuivrique, ni même à la fermentation. Si les liquides trop pauvres en sucre ont eu besoin d'être concentrés pour rendre les réactions plus évidentes, le sulfate de soude, qui se cristallise par le refroidissement, ne retient pas la matière sucrée en combinaison comme le chlorure de sodium. Tout le sucre reste concentré dans les eaux-mères.

Les alcalis dont on se sert le plus ordinairement pour découvrir la présence du sucre de la deuxième espèce sont la potasse ou la chaux caustiques. On ajoutera donc un excès de potasse caustique ou de lait de chaux au liquide hépatique ou à tout autre fluide qu'on suppose sucré ; puis on portera le mélange à l'ébullition. S'il y a du glucose, le liquide prend, dès le début de l'ébullition, une teinte jaune qui augmente et passe au brun plus ou moins foncé suivant la quantité de principe sucré.

Quand on emploie le tartrate de cuivre dissous dans la potasse pour déceler la présence du glucose, on est dans l'habitude, pour plus de commodité, d'avoir le réactif tout préparé d'avance. Cette manière de faire peut entraîner des causes d'erreur qui proviennent de l'altération que subit le liquide cupro-potassique. En effet, au bout d'un temps plus ou moins long, par l'action de l'air et de la lumière, et peut-être aussi par suite de la décomposition partielle de l'acide tartrique, la potasse à la chaux, qui doit être en excès dans le liquide, passe à l'état de potasse carbonatée. Alors le liquide ainsi altéré, se réduisant spontanément en partie par la seule ébullition, pourrait indiquer du glucose là où il n'y en a pas. On n'a pas cet inconvénient avec le réactif récemment préparé. Je conseille donc, quand on voudra être certain de ses résultats, de préparer chaque fois le tartrate cupro-potassique, ou tout au moins d'y ajouter un peu de potasse caustique à la chaux, de le faire bouillir avant de s'en servir, s'il est préparé depuis quelque temps. Pour opérer la réaction caractéristique du glucose, on mélange à parties à peu près égales, dans un tube fermé par un bout, le réactif avec le liquide à essayer, puis on

son poids, et par l'ébullition et la filtration on aura un liquide à peu près incolore. Mais lorsque le sang est déjà ancien et que la matière colorante s'est en partie dissoute dans le sérum, on le décolore plus sûrement par l'addition de sulfate de soude.

fait bouillir. Aussitôt que la température s'élève, et même avant l'ébullition, on voit la réduction du sel de cuivre commencer généralement par la partie supérieure du mélange, devenir complète et plus ou moins abondante, suivant la quantité de glucose que renferme le liquide. Ce commencement de la réduction, qui débute par la partie supérieure du mélange avant l'ébullition, est souvent un assez bon caractère qui distingue la réduction sucrée de cette fausse réduction, qui n'arrive en général que par une forte ébullition dans les réactifs trop anciens.

Pour que la réaction se fasse convenablement, il est préférable qu'il y ait une certaine proportionnalité entre la concentration du réactif et la richesse du liquide sucré.

Voici les proportions du réactif que j'emploie ordinairement pour rechercher le sucre dans le foie, le sang, etc. :

Bitartrate de potasse (crème de tartre). . .	150 gr.
Carbonate de soude cristallisé.	150
Potasse à la chaux.	100
Sulfate de cuivre.	50
Eau, quantité suffisante pour faire.	1,368 c. c. (1)

La réduction des sels de cuivre en présence du glucose est très facile à constater, et la réaction, conduite avec les précautions que nous venons d'indiquer, peut rendre de grands services à la physiologie, en ce que : 1º elle offre une très grande sensibilité, et décèle les moindres traces de glucose ; 2º en ce que, ne s'opérant pas avec le sucre de canne, elle peut servir à distinguer les sucres de la première espèce de ceux de la seconde ; 3º en ce qu'elle constitue dans tous les cas un caractère négatif absolu.

La sensibilité du tartrate de cuivre dissous dans la potasse est si grande, qu'elle peut donner une réduction appréciable dans une disso-

---

(1) La réduction et la décoloration de 10 centimètres cubes de ce liquide correspondent environ à 5 centigrammes de sucre de raisin. Toutefois, il est bien entendu que chaque fois qu'on aura à faire des dosages, il faudra retirer le liquide cupropotassique, à l'instant même, avec une dissolution sucrée qu'on a préparée et dont on connaît très exactement la richesse. Je me suis servi, pour titrer le réactif dans mes dosages, de sucre de diabétique parfaitement purifié, que je dois à l'obligeance de M. Quevenne, pharmacien en chef de l'hôpital de la Charité.

lution aqueuse contenant seulement un millième de glucose, quantité qu'on ne pourrait reconnaître par aucun autre moyen. Seulement lorsque le liquide sucré est très pauvre, il faut ajouter peu de réactif afin que, la teinte bleue étant très faible, la réduction soit plus facile à constater.

Le tartrate cupro-potassique peut servir à distinguer le sucre de canne du sucre de raisin (glucose). En effet, quand on essaie par ce réactif un liquide supposé sucré, deux choses peuvent arriver : ou bien le sel de cuivre est détruit, ou bien, au contraire, le liquide reste bleu sans offrir de réduction. Dans le premier cas, on conclut à la présence du glucose, et dans le second on peut affirmer que le mélange essayé ne renferme pas de glucose ; mais il pourrait se faire qu'il contînt du sucre de canne. Pour le savoir il faudra préalablement faire bouillir le liquide à expérimenter, après l'avoir acidulé très légèrement avec quelques traces d'un acide énergique (sulfurique, par exemple), pour transformer en glucose le sucre de canne qui pouvait s'y trouver. Après cette opération, on neutralise le liquide, et on l'essaie de nouveau par le tartrate de cuivre. Si à cette deuxième épreuve il n'y a pas de réduction, on en conclura qu'il n'y avait pas de principe sucré ni à l'état de sucre de raisin, ni à celui de sucre de canne. Si, au contraire, il y a réduction, il faudra admettre que le sucre existait à l'état de sucre de canne, puisqu'il n'a opéré la réduction du sel de cuivre qu'après avoir été transformé en glucose par l'action de l'acide sulfurique. Enfin, si l'on avait affaire à un mélange des deux sucres, on commencerait par détruire le sucre de raisin par l'ébullition avec le lait de chaux, puis, saturant le liquide refroidi avec de l'acide sulfurique en très léger excès, on filtre pour se débarrasser du sulfate de chaux, ensuite on fait bouillir de nouveau la liqueur rendue acide pour transformer le sucre de canne en sucre de raisin, qui réagira à une seconde épreuve avec le liquide cupro-potassique.

La réduction du tartrate de cuivre dissous dans la potasse, en présence du glucose, est un caractère empirique qui n'offre pas sans doute une valeur absolue comme la fermentation alcoolique pour constater la *présence* du glucose. Mais il n'en est plus de même quand il s'agit de constater l'*absence* du même principe sucré. Si la réduction manque, on peut conclure avec certitude qu'il n'existe pas de traces de glucose dans le liquide où on le cherche. Or nous verrons dans le cours de ce travail que pour la solution de plusieurs questions physiologiques ce caractère négatif est de la plus haute importance.

3° *Le sucre du foie dévie la lumière polarisée à droite.* Pour étu_dier le pouvoir rotatoire du sucre contenu dans le tissu du foie, il est nécessaire d'abord de l'obtenir dans une décoction hépatique limpide, incolore et suffisamment concentrée. Voici comment je procède pour cela (1). J'exprime dans un linge, ou mieux dans un petit sac de crin, sous une presse, le tissu du foie coupé en petits morceaux, préalablement chauffés dans un vase à nu pour en torréfier légèrement la surface extérieure, ce qui facilite beaucoup l'expression du tissu. On obtient de cette façon un jus hépatique rougeâtre, sanguinolent, qui est sucré autant que possible puisqu'on n'y a pas ajouté d'eau. On fait ensuite coaguler au bain-marie toutes les matières albumineuses, et l'on filtre. Le liquide qui résulte de ces opérations est brun jaunâtre, quelquefois opalin, et comme laiteux. Il serait impossible, dans cet état, de le soumettre à l'appareil de polarisation; c'est pourquoi il faut le décolorer et le clarifier en y ajoutant une quantité suffisante de charbon animal neutre, bien lavé, et en portant le mélange à l'ébullition, au bain-marie, pendant quelques instants; par la filtration, on a alors un liquide incolore et parfaitement limpide. Quelquefois cependant il existe dans le foie une sorte de matière opalescente, qui ne peut pas être complétement enlevée par le charbon animal. Il faut alors traiter le liquide par quelques gouttes de sous-acétate de plomb; après quoi l'on filtre et l'on sépare l'excès du plomb par l'hydrogène sulfuré. C'est dans cette dernière partie de l'opération que l'hydrogène sulfuré, en formant le sulfure de plomb, entraîne complétement la matière opaline, et permet d'obtenir, après une dernière filtration, un liquide hépatique parfaitement transparent et incolore, très propre à permettre alors l'examen de ses caractères optiques. C'est avec des liqueurs préparées de cette façon que M. Biot a bien voulu constater, au moyen de son appareil, la présence du principe sucré dans le foie, et sa propriété de dévier à droite la lumière polarisée.

Parmi plusieurs expériences qui ont été faites, je n'en citerai qu'une qui offre un intérêt tout particulier, parce qu'elle a été suivie d'une

(1) On pourra également avoir recours au procédé des décoctions successives indiqué dans la note de la page 17.

contre-épreuve qui démontre que dans le liquide hépatique, ainsi que nous l'avons préparé, il n'existe pas de substances capables d'induire en erreur relativement à la présence ou à la quantité du sucre.

Un foie de bœuf, apporté récemment de l'abattoir, fut coupé en morceaux, et exprimé comme il a été dit plus haut. Dans cette expérience, le charbon animal seul avait suffi pour clarifier complétement le liquide hépatique, qui, à l'examen optique, fournit les résultats suivants :

Ce liquide observé dans un tube de. . . . . 515^{mm},35
a donné une rotation très manifeste à droite se mesurant par une déviation de. . . . . + 9°,5
ce qui, évalué quantitativement, représente. . . . . 52^{gr},316
de sucre par litre du liquide, en supposant que ce sucre soit identique au sucre de diabète.

Après ce premier examen, on ajouta de la levure de bière au liquide hépatique, et on le plaça à une température convenable pour opérer la fermentation. Le lendemain elle était achevée, et le liquide filtré fut soumis de nouveau à l'appareil de polarisation dans un tube de 508^{mm},85. Cette fois il ne manifesta plus aucune trace de pouvoir rotatoire qui fût sensible, même à la plaque à deux rotations.

On doit nécessairement conclure de cette dernière partie de l'expérience que la déviation de + 9°,5 qui avait été trouvée dans le premier examen du liquide était due tout entière à la présence du sucre, puisque après avoir fait disparaître le sucre par la fermentation, la déviation a été complétement nulle. Cette contre-épreuve ajoute une grande rigueur à l'expérience, parce que sans cela on aurait pu objecter que certains principes organiques provenant de la bile pouvaient se trouver là et intervenir dans le liquide pour une part quelconque dans les phénomènes de rotation observés. Maintenant cette objection n'est plus possible.

En résumé, d'après les caractères chimiques et optiques que nous avons indiqués, le sucre hépatique doit évidemment être rangé dans les sucres de la deuxième espèce. Toutefois j'ai trouvé qu'il se distingue physiologiquement par sa faculté de se détruire en fermentant dans le sang avec une rapidité beaucoup plus grande que le glucose ordinaire ou sucre d'amidon. Je ne fais qu'indiquer ici ce caractère intéressant.

Plus tard, à propos de l'assimilation ou de la disparition du sucre dans l'organisme animal, je rapporterai en détail les expériences sur lesquelles je fonde cette opinion.

4° *Dosage du sucre dans le foie.* — Je me suis souvent servi du polarimètre, qui est préférable quand on peut avoir des liquides hépatiques sucrés en assez grande quantité et suffisamment décolorés. La fermentation alcoolique, qui est le meilleur moyen qualitatif, ne peut pas être employée avec le même avantage comme moyen quantitatif, parce qu'en même temps que la fermentation alcoolique s'effectue, il y a presque toujours une petite portion de la matière sucrée qui se détruit par la fermentation lactique ou butyrique et qui par conséquent ne se trouve pas comprise dans le dosage de l'acide carbonique. Parmi les autres procédés de dosage du sucre, un des plus commodément applicables pour la nature de mes expériences est celui indiqué par M. Barreswil, qui consiste à calculer la proportion de sucre d'après la réduction et la décoloration d'une quantité déterminée d'un sel cupro-potassique titré (1). Le liquide cupro-potassique titré dont j'ai fait usage est celui dont j'ai donné la formule plus bas (page 22). Je fais agir directement ce liquide récemment titré sur la décoction obtenue d'une partie du foie exactement pesée à l'état frais ; d'où je déduis ensuite très facilement la quantité de sucre contenue dans la totalité de l'organe. Un exemple choisi parmi les expériences de ce mémoire fera mieux comprendre la manière exacte de procéder.

Dosage du sucre dans le foie d'un homme. (Première expérience page 31.) — Le poids total du foie était de 1 kilog. 300 grammes. On pesa 20 grammes de son tissu qui furent broyés dans un mortier, et on en fit une décoction qui fut jetée dans une éprouvette graduée en y ajoutant l'eau qui avait servi à laver à diverses reprises les vases, pour ne rien perdre. Après le refroidissement on lut sur l'éprouvette le nombre de centimètres cubes qu'atteignait son contenu, et l'on trouva 169 centim. cubes représentant le volume du tissu du foie et du liquide qui l'accompagnait. Alors on jeta le tout sur un filtre et on recueillit le liquide qui passait légèrement opalin, pour le doser. Mais dans les 169 cent. cub. de liquide il fallait tenir compte du volume du tissu du

(1) Péligot. Rapport à la Société d'encouragement dans le *Journal de pharmacie*, 1844.

foie mêlé au liquide ; c'est pourquoi je ramassai avec soin ét sans en perdre le tissu hépatique resté sur le filtre, et je le fis sécher dans une capsule placée dans une étuve à 100° cent. Après dessiccation complète, ce tissu hépatique, jeté dans l'eau mesurée d'un vase gradué, déplaça juste 4 cent. cub. d'eau. Ce tissu était donc pour 4 cent. cub. en trop dans l'appréciation des 169 cent. cub. de la décoction hépatique ; il fallait les soustraire, ce qui réduisait alors à ^{1}65 cent. cub. la quantité réelle de liquide sucré pour 20 grammes de tissu frais du foie (1).

Afin de reconnaître la richesse en sucre de cette décoction hépatique, je mesurai très exactement 10 cent. cubes de la liqueur cupro-potassique préalablement titrée à o gr.,o5 pour 10 cent. cub. (ou 5 gr. p. o/o), c'est-à-dire que pour réduire et décolorer 10 cent. cubes du réactif, il fallait une quantité de liquide renfermant o gr.,o5 de sucre (glucose). Les 10 cent. cub. du réactif titré, après avoir été étendus de leur volume à peu près par une dissolution récente de potasse à la chaux, pour rendre la précipitation de l'oxyde cuivrique plus facile, furent donc placés dans un petit ballon sur un feu doux, et lorsque l'ébullition commença à se manifester, j'ajoutai directement, avec précaution et vers la fin, goutte à goutte, avec une burette graduée, la décoction du foie. J'agitais le liquide à mesure et j'allais lentement pour laisser la précipitation s'opérer en regardant avec soin pour ne pas dépasser les limites de la décoloration du liquide cupro-potassique.

Or, dans cette expérience, il fallut 23 cent. cub. de la décoction du foie pour réduire et décolorer complétement 10 cent. cub. du liquide titré. Pour calculer le dosage du sucre dans le foie, on avait donc les éléments suivants :

_____

(1) Cette manière de faire, à laquelle je me suis arrêté, rend l'opération plus rapide en ce qu'elle évite les lavages successifs très longs auxquels il faut avoir recours quand on veut épuiser le tissu hépatique de sa matière sucrée. On peut même abréger encore, en réduisant de suite, comme règle, de 4 cent. cub. de liquide pour le volume de 20 grammes de tissu hépatique. Mes expériences très nombreuses m'ont, en effet, appris que ce chiffre ne varie pas sensiblement pour le même animal, et que, pour les différents animaux sur lesquels j'ai expérimenté, les variations ne dépassent pas 1/2 cent. cub., pourvu que la dessiccation soit toujours opérée au même point, c'est-à-dire dans une étuve à 100° cent.

1° Poids du foie. . . . . 1 k. 300 gr.
2° Liquide total de. décoction. . . . . 165 cent. cub.
3° Quantité de tissu du foie analysée. . . 20 gr.
4° Quantité du liquide de. décoction hépatique employée pour réduire et décolorer
10 cent. cub. du réactif. . . . . . 23 . cent. cub.
5° Quantité de sucre qui d'après le titre du
réactif correspond à la décoloration de
10 cent. cub. . . . . 0 gr.,05.

Afin de savoir combien il y avait de sucre dans les 165 cent. cub. de décoction hépatique, on établit la proportion suivante :

$$23 \text{ cent. cub. } : 165 \text{ cent. cub. } :: 0^{gr},05 : x = \frac{165 \times 0,05}{23} = 0^{gr},358.$$

Le calcul, comme on le voit, donne o gr. 358 milligr. de sucre pour les 165 cent. cub. de décoction sucrée provenant des 20 grammes de foie analysés.

Afin d'avoir la quantité de sucre pour 100 grammes de tissu du foie, on fit la proportion suivante :

$$20^{gr} : 0^{gr},358 :: 100^{gr} : x = \frac{0,358 \times 100}{20} = 1^{gr},790 \text{ pour } 100.$$

Ce qui donne 1 gr. 790 milligr. de sucre pour 100 parties du tissu frais du foie.

Enfin, la quantité de sucre pour la totalité du foie put encore se déterminer à l'aide d'une proportion que voici :

$$100^{gr} : 1300^{gr} :: 1^{gr},790 : x = \frac{1300 \times 1,790}{100} = 23^{gr},270.$$

De sorte que, dans cette expérience, on arriva après tous ces calculs à trouver que chez cet homme la quantité de sucre hépatique était :

1° Pour la totalité du foie. 23 gr.,270
2° Pour 100 grammes du tissu frais. . . 1 ,790

Pour faire ce dosage, il n'est pas nécessaire d'autres précautions que celles qu'on prend habituellement dans les analyses par les volumes. Seulement il est important d'avoir un liquide cupro-potassique récemment préparé et exactement titré. Il faut en outre faire l'opération assez vite et s'arrêter aussitôt que la décoloration complète du réactif est obtenue, sans attendre davantage. En effet, si l'on continue à faire bouillir le liquide cupro-potassique ou si on le laisse se refroidir, on le voit au bout de quelques instants reprendre une teinte bleue qui va en augmentant avec le. temps. Quand on en est prévenu, cette particularité, due à la réoxydation d'un peu de protoxyde de cuivre dissous sans doute à la faveur de l'acide tartrique, ne peut pas nuire à l'exactitude de l'analyse, pourvu qu'on arrête. l'expérience juste au moment où la décoloration est obtenue.

Il est indifférent de soumettre à l'analyse une partie quelconque du tissu du foie. Je me suis assuré par beaucoup d'essais que la matière sucrée est uniformément distribuée dans tout l'organe. Cependant, chez certains grands animaux, tels que le bœuf, le cheval, le mouton, etc., il arrive que le foie subit une altération partielle, connue par les bouchers sous le nom de *foie nerveux*, et qui consiste dans un épaississement accompagné de la formation d'éléments fibro-plastiques dans le tissu des conduits biliaires et de la capsule de Glisson. Cette sorte de modification organique amène par compression une atrophie de la substance hépatique, dans laquelle les cellules sont plus petites et souvent altérées. Il est inutile de dire qu'il faut éviter dans les analyses de prendre ce tissu anormal qui renferme nécessairement moins de sucre pour le même poids de foie.

Enfin, j'ajouterai qu'il faut employer le tissu du foie à l'état aussi frais que possible et qu'il ne faut jamais le couper par morceaux ou le broyer d'avance quand on veut savoir la quantité exacte de sucre, parce que sur les surfaces du tissu hépatique divisé qui sont exposées à l'air, le sucre se détruit avec une très grande rapidité. C'est pour cette raison que la méthode qui consisterait à couper le foie et à faire sécher son tissu avant de l'analyser au point de vue du sucre serait mauvaise, parce qu'elle produit nécessairement la destruction d'une quantité plus ou moins considérable du principe sucré.

5° *Extraction du sucre du foie.* — L'extraction du sucre du foie, qui peut offrir beaucoup d'intérêt pour le chimiste, n'a que peu d'importance pour le physiologiste, parce que toutes les preuves qui ont été données précédemment sont plus que suffisantes pour établir la nature de la matière sucrée que le foie renferme. Sans entrer dans le détail des procédés purement chimiques qu'il convient de suivre pour cette extraction, nous indiquerons seulement la méthode la plus propre à éviter les difficultés résultant du mélange du sucre avec les matières organiques et salines qui se trouvent dans le foie.

On procédera d'abord exactement comme si l'on voulait obtenir le liquide sucré hépatique pour le soumettre à l'appareil de la polarisation (voyez page 24). Ainsi préparé, j'ai constaté que ce liquide renferme du sucre et des chlorures en forte proportion, et de plus des phosphates et des sulfates en faible quantité : les bases sont la chaux, la soude et la potasse. Il s'agit donc de séparer le sucre de ces diverses matières salines. Au moyen de l'alcool on se débarrasse facilement des phosphates et des sulfates; mais il reste toujours les chlorures, et surtout le chlorure de sodium, qui est uni au sucre à un état de combinaison bien connu, et dont on peut obtenir les cristaux par l'évaporation. Ce n'est pas ici le lieu de dire si cet état de combinaison entre le sucre et le chlorure de sodium est le résultat des manipulations, ou s'il n'existe pas déjà primitivement dans le foie et pendant la vie de l'animal; mais toujours est-il que, quand on veut extraire le sucre hépatique, c'est à ce composé qu'on a affaire. Pour opérer cette séparation du sucre d'avec les chlorures, on devra recourir à l'emploi de méthodes appropriées. Lehmann (1) dit avoir fait usage du sulfate d'argent avec succès dans des cas analogues, où il s'agissait de séparer le sucre de diabète de sa combinaison avec le sel marin.

(1) C.-G. Lehmann. *Lehrbuch der physiologischen Chemie.* Leipzig, 1852, t. I, p. 291.

DÉMONSTRATION EXPÉRIMENTALE
DE LA FORMATION DU SUCRE DANS LE FOIE

DE L'HOMME ET DES ANIMAUX VERTÉBRÉS.

CHAPITRE PREMIER.

PRÉSENCE DU SUCRE DANS LE FOIE DE L'HOMME ET DES ANIMAUX VERTÉBRÉS A L'ÉTAT PHYSIOLOGIQUE.

§ Ier. Recherche du sucre dans le foie de l'homme.

C'est ordinairement par une mort violente, et dans les conditions normales de santé, qu'il faut surprendre l'organisme pour constater la présence du sucre dans le foie de l'homme et des animaux. Quand la mort survient lentement, par suite d'une maladie qui trouble profondément les phénomènes nutritifs, la fonction formatrice du sucre du foie disparaît comme toutes les autres. On comprend dès lors que, dans les cadavres humains, le cas le plus ordinaire soit l'absence du sucre dans le foie, parce qu'ils appartiennent le plus généralement à des individus morts de maladies.

Pour que mes observations sur l'homme fussent comparables à celles que j'ai faites sur les animaux, il fallait donc les établir en dehors de tout état maladif, et dans les conditions habituelles de santé. Ces conditions ont été réalisées dans les observations suivantes, qui toutes ont été recueillies sur des suppliciés (1) ou sur des individus atteints de mort violente.

1re *Observation.* — Le 22 mai 1850, je fis l'ouverture du corps d'un supplicié (Aymé) vingt-quatre heures après la décollation. Le sujet, âgé de quarante-deux ans, était d'une taille moyenne et très fortement

---

(1) J'ai été à même de pouvoir faire ces observations, grâce à l'obligeance de mon ami, M. le d^r Gosselin, chef des travaux anatomiques de la Faculté de médecine.

musclé. Il était à jeun depuis la veille, et n'avait pris avant d'aller au supplice qu'un petit verre d'eau-de-vie. L'estomac était vide.

Le tissu du foie était d'une couleur jaune pâle, son tissu était dense et contenait peu de sang.

Le foie débarrassé de la vésicule du fiel pesait. . . . 1 kil. 300 gr.

Son tissu était imprégné de sucre, dont voici les quantités dosées

Sucre pour 100 grammes de tissu du foie frais. . . . 1 gr.,79
Sucre pour la totalité de l'organe. 23 gr.,27

La vésicule biliaire était modérément distendue par de la bile verte, qui ne donnait aucune des réactions particulières au sucre.

Le tissu du foie seul contenait du sucre. Plusieurs autres organes du corps, tels que la rate, les reins, les muscles, examinés sous ce point de vue, ne renfermaient aucune trace de matière sucrée.

2e *Observation.* — Le 1er février 1851, j'examinai le foie d'un supplicié (Bixner) vingt-quatre heures environ après la mort. Le sujet, âgé de quarante-cinq à cinquante ans, était d'une forte constitution et d'un embonpoint assez marqué. La veille de son exécution le condamné avait mangé le matin, à huit heures, un peu de pain et de viande, et avait bu du vin. Le jour du supplice il n'avait rien pris, si ce n'est un petit verre d'eau-de-vie; il était donc à jeun depuis à peu près vingt-quatre heures lorsqu'il fut exécuté : aussi l'estomac était vide d'aliments.

Le foie, complétement exsangue et pâle, pesait 1 kilog. 330 gram., y compris la vésicule du fiel. Le tissu hépatique contenait beaucoup de sucre; il offrait seul cette particularité. D'autres organes du corps, tels que la rate, le pancréas, le poumon, soumis comparativement à la même recherche, ne renfermaient pas de traces de principe sucré.

3e *Observation.* — En 1851, j'eus à ma disposition le foie d'un supplicié (Lafourcade) très peu d'heures après la mort. Le sujet était à jeun depuis la veille. Le foie pesait 1 kilog. 175 gram. Son tissu broyé donna une décoction légèrement opaline dont on retira de l'alcool par la fermentation et la distillation. Aucun autre organe du corps ne contenait du sucre.

4e *Observation.* — En 1851, j'ai examiné le foie d'un supplicié (Viou) que j'ai extrait du corps le lendemain de l'exécution.

Le sujet, âgé de vingt-deux ans, était d'une constitution grêle, mais bien musclé et d'un embonpoint assez marqué. Le jour même de son exécution, il avait mangé du pain, de la viande, et pris du vin. Une portion du mélange alimentaire était encore dans son estomac et le tout offrait une réaction très acide.

Le foie était exsangue comme à l'ordinaire et il pesait 1 kilog. 200 gram. La décoction du tissu hépatique broyé était opaline, laiteuse et sucrée. Voici les quantités dosées :

    1° Sucre pour 100 grammes du foie frais. . .   2 gr.,142
    2° Sucre calculé pour la totalité du foie. . . . 25   ,704

Le pancréas, la rate ne contenaient aucune trace de principe sucré dans leur tissu.

5° *Observation*. — En 1851, j'ai examiné le foie d'un supplicié (Courtin) qui avait été exécuté pendant la période digestive. Le foie, exsangue et pâle, pesait 1 kilog. 175 gram. Le tissu de l'organe fut broyé et réduit en pulpe ; il donna une décoction trouble, jaunâtre, comme laiteuse, dans laquelle on ajouta de la levure de bière. Le mélange placé dans des conditions convenables donna lieu à la fermentation, d'où il résulta de l'acide carbonique et de l'alcool en quantité suffisante pour en constater facilement les caractères.

6° *Observation*. — Le 8 juin 1850, j'examinai le foie d'un homme de trente ans tué et mort subitement d'un coup de fusil. Cet individu, au moment où il fut tué, était assis à boire chez un marchand de vins. A l'autopsie qui fut faite judiciairement par M. Ambroise Tardieu, on ne trouva dans l'estomac que du vin avec très peu d'aliments. La température était très chaude, et comme l'ouverture du corps ne fut faite que deux jours après la mort, le foie m'arriva déjà altéré et dans un état de putréfaction commençante ; cependant il contenait encore du sucre dans les portions moins altérées.

Le foie pesait. . . . . 1 kil. 575 gr.
La quantité de sucre pour 100 grammes de tissu du foie choisi
    dans les portions les plus saines était. 1 gr.,10
Le sucre calculé pour la totalité du foie. . . . . . .   17 ,10

Nous avons dit plus haut que dans les foies provenant de cadavres morts de maladie, le sucre a généralement disparu, par suite de l'anéantissement des fonctions nutritives avant la mort. Cependant, je dois dire que lorsque la mort est assez rapide pour que les facultés nutritives aient été suspendues peu de temps, il reste encore du sucre dans le foie. C'est ainsi que j'en ai trouvé chez quelques phthisiques morts à la suite d'une courte agonie, et chez des diabétiques emportés presque subitement par des engorgements pulmonaires. J'en ai également rencontré chez un individu mort en quelques heures à la suite d'un empoisonnement par l'arsenic.

Il y aurait une étude intéressante à faire pour rechercher s'il existe des maladies qui respectent plus spécialement cette formation du sucre dans le foie. Plus tard, j'aurai l'occasion de revenir sur cette question. Mais pour le moment, la seule conséquence que je veuille tirer des observations rapportées dans ce paragraphe, c'est que dans l'état physiologique, *le foie de l'homme, à l'exception de tous les autres tissus du corps, renferme de la matière sucrée.*

Il est encore intéressant de remarquer dès à présent que la bile qui est sécrétée par un organe dont le tissu est si fortement sucré, soit elle-même dépourvue de sucre. Car le principe doux que M. Thenard a signalé dans la bile sous le nom de *picromel*, n'a pas d'analogie avec le sucre fermentescible qu'on rencontre dans le foie.

§ II. Recherches du sucre dans le foie d'autres mammifères.

Depuis cinq ans j'ai constaté la présence du sucre dans le foie chez un très grand nombre d'animaux de tout âge, de tout sexe, et soumis aux alimentations les plus variées. Je ne rapporterai pas toutes les expériences particulières que j'ai faites à ce sujet. Il me suffira, pour le but que je me propose ici, d'en indiquer qui soient prises dans les principaux ordres d'animaux que j'ai pu me procurer.

1° *Quadrumanes.* — Le 14 juillet 1850, je recherchai le sucre dans le foie d'un singe cynocéphale qui me fut donné par M. Rayer. Ce singe ((grand papion, *simia sphinx* L.) était une femelle phthisique qui toussait depuis quelque temps. L'animal était nourri habituellement d'aliments variés (pain, viande, carottes, fruits, etc.). Le 14 juillet, il mangea le matin à neuf heures du pain et du beurre, de la viande et des fruits. A trois heures du soir, il fut tué par strangulation dans le laboratoire de M. Rayer. En ouvrant aussitôt le ventre, nous constatâmes que les organes abdominaux étaient turgescents et gorgés de sang, que les vaisseaux chylifères étaient remplis et magnifiquement injectés par un chyle blanc laiteux, comme cela arrive quand on sacrifie les animaux en pleine digestion. L'estomac et les intestins contenaient des aliments en grande quantité.

Le foie était gorgé de sang et d'une couleur brune; il pesait 369 grammes; sa surface était parcourue par des vaisseaux lymphatiques remplis d'une lymphe citrine et transparente qui contenait elle-même du sucre. Le tissu du foie renfermait du sucre dans les proportions qui suivent :

Sucre pour 100 grammes de tissu du foie frais.　　.　.　2 gr.,15
Sucre calculé pour la totalité du foie.　.　.　.　.　.　7　,94

Le reste du tissu hépatique broyé donna une décoction aqueuse très opaline comme du lait. Cette décoction réduisait abondamment le tartrate cupro-potassique, et mêlée à la levûre de bière, elle donna de l'alcool et de l'acide carbonique.

La vésicule du fiel était vide et ratatinée, les poumons étaient envahis par des masses tuberculeuses considérables, surtout celui du côté gauche. Les tissus du poumon, de la rate, du rein, du cerveau, de la moelle épinière, etc., furent traités comme le foie et dans aucun de ces organes on ne constata la présence de la matière sucrée.

2° *Carnassiers*. — Les animaux de cet ordre que j'ai examinés, sont : le chien (*canis familiaris*), le chat (*felis catus*), le hérisson (*erinaceus europœus*), la taupe (*mus talpa*), la chauve-souris (*vespertilio murinus* Lin.), etc.

Chez le chien et le chat, j'ai répété mes expériences un très-grand nombre de fois, à cause du fréquent usage que l'on fait de ces animaux pour les recherches de physiologie expérimentale. Il serait sans utilité de les reproduire toutes dans leurs détails; je dirai seulement d'une manière générale que chez les carnassiers, comme dans les autres ordres d'animaux, le foie a toujours été le seul organe du corps qui contînt du sucre. Quant à sa quantité, elle se trouve signalée dans les analyses suivantes que je choisis pour exemple :

Sur un chien de taille moyenne et adulte, tué pendant la digestion de viande (tripes), par la section du bulbe, le tissu du foie était friable et pesait 429 grammes. L'organe renfermait beaucoup de sucre ; voici les quantités fournies par le dosage :

Sucre pour 100 grammes de tissu du foie frais. . . 1 gr.,90
Sucre calculé pour la totalité du foie. . . . . . 8 ,15

Sur une grosse chienne bien portante et tuée pendant la digestion d'aliments mixtes, par la section du bulbe rachidien, le foie brun et gorgé de sang pesait 635 gr. Il contenait :

Sucre pour 100 parties de foie frais. . . . 1 gr.,300
Sucre calculé pour la totalité du foie. . .

Sur un chien adulte et bien portant, tué pendant la digestion d'aliments mixtes, le foie renferme : 1 gr.,70 pour cent parties du tissu frais de l'organe.

Une chatte en digestion fut noyée pendant la période digestive d'une alimentation mixte. Son foie était brun et gorgé de sang ; le tissu en était friable ; il pesait 60 gr.,5. La décoction hépatique était opaline et d'un blanc jaunâtre ; elle contenait du sucre dans les proportions suivantes :

Sucre pour 100 grammes de tissu frais du foie. . . 2 gr.,09
Sucre calculé pour la totalité du foie. . . . . . 1 ,55

Une autre expérience fut faite sur un gros chat mâle noyé vers la fin de la digestion. Son foie était brun et friable ; il pesait 140 grammes, sa décoction était jaunâtre et peu opaline.

Sucre pour 100 grammes de tissu du foie frais. . . 1 gr.,14
Sucre calculé pour la totalité du foie. . . . . . 1 ,60

Tous les autres carnassiers chez lesquels j'ai constaté la présence du sucre dans le foie, tels que : le hérisson, la taupe, la chauve-souris, etc., furent tués pendant la période digestive d'aliments divers. Un hérisson avait mangé du bœuf cuit ; les taupes s'étaient nourries avec des lombrics terrestres et les chauve-souris avec des insectes. Parmi ces dernières qui avaient été tuées à coup de fusil, il en était une jeune qui sans doute était encore allaitée par sa mère, car son estomac fut trouvé rempli de lait coagulé.

3° *Rongeurs.* L'écureuil (*sciurus vulgaris*), le cobaye (*cavia* cobaia Pall., *mus porcellus* Lin.), le lièvre (*lepus timidus* Lin.), le lapin (*lepus cuniculus*), le rat noir (*mus rattus* Lin.), le surmulot (*mus decumanus* Pall.), sont les animaux de l'ordre des rongeurs sur lesquels j'ai eu le plus fréquemment occasion d'expérimenter.

Un écureuil femelle adulte et bien portant fut tué par décapitation au moment où la fonction digestive était en pleine activité. L'animal était habituellement nourri avec des aliments mixtes ; son dernier repas se composait de pain et de noix, Son foie pesait 9 grammes.

Sucre pour la totalité du foie. 0 gr.,33

Sucre calculé pour 100 grammes de foie. . . 3 ,66

La bile, de même que les autres tissus, reins, poumons, rate, etc., ne contenait pas de sucre.

Sur un gros cobaye femelle, adulte et bien portant et tué par décapitation pendant la digestion d'aliments herbacés, le foie pesait 40 grammes.

Sucre pour la totalité du foie. 0 gr.,68

Sucre calculé pour 100 grammes de foie. . . 1 ,70

La décoction du foie était blanchâtre comme du lait; les autres tissus du corps ne renfermaient pas de sucre.

Sur un jeune lapin pesant 690 grammes. Depuis 3 jours l'animal était nourri exclusivement avec des carottes, et il fut tué par décapitation pendant la digestion. Le foie, à l'exclusion de tous les autres organes du corps, était sucré; il pesait 48 grammes et son tissu, jaune pâle, donnait une décoction d'un blanc de lait.

Sucre pour la totalité du foie. 0 gr.,79

Sucre calculé pour 100 grammes de foie. . . 1 ,64

Sur un autre jeune lapin, vif et bien portant, pesant 700 grammes. Depuis 6 jours, l'animal était nourri exclusivement avec des choux verts; il fut tué par décapitation au moment de la digestion. Le foie était sucré et donnait une décoction opaline. Il pesait 60 grammes.

Sucre pour la totalité du foie. 0 gr.,90

Sucre calculé pour 100 grammes de foie. . 1 ,50

Sur un troisième lapin adulte, également. vif et bien portant, très bien nourri avec des choux, des carottes et de l'avoine. L'animal fut tué par décapitation pendant la digestion. Le foie pesait 104 grammes; sa décoction était sucrée ainsi que l'indique l'analyse suivante:

Sucre pour la totalité du foie. 2 gr.,03
Sucre calculé pour 100 grammes de foie. . . 1 ,95

Sur un quatrième lapin adulte et bien nourri avec de l'herbe et du pain. L'animal fut tué pendant la digestion; son foie pesait 89 grammes.

Sucre pour la totalité du foie. 2 gr.,35
Sucre calculé pour 100 grammes de foie frais. . 2 ,66

Les surmulots et les rats noirs, sur lesquels j'ai expérimenté, avaient tous du sucre dans le foie. Ils étaient adultes et bien portants, et avaient été tués à diverses périodes de la digestion. Leur alimentation était mixte.

4° *Ruminants.* — Dans cet ordre d'animaux, je n'ai pu me procurer que trois espèces, qui sont: la chèvre (*capra hircus* Lin.), le mouton (*ovis aries* Lin.) et le bœuf (*bos taurus* Lin.).

J'ai eu l'occasion, dans le laboratoire de M. Rayer, d'examiner le foie d'un chevreau faux hermaphrodite (*androgynus masculinus* Gurlt), dont l'histoire a été donnée ailleurs sous ce point de vue (1). L'animal, âgé de six mois et très bien portant, était habituellement nourri avec du foin. Il fut tué par strangulation au moment de la digestion. A l'ouverture de l'abdomen, tous les organes digestifs étaient le siége d'une turgescence considérable. Les vaisseaux chylifères étaient remplis par un liquide légèrement opalin. Le foie, qui pesait 640 grammes, était de couleur brune; il fournit une décoction fort laiteuse qui donna du sucre dans les proportions suivantes:

Sucre pour 100 grammes du tissu du foie. . . 3 gr.,89
Sucre pour la totalité du foie. . . . . . .

Dans les abattoirs de Paris, j'ai eu l'occasion de constater la présence du sucre sur une très grande quantité de foies de bœuf ou de

---

(1) Rayer et Bernard, *Faux hermaphrodite* (Androgyne masculin, Gurlt) observé sur un chevreau. (*Comptes rendus de la société de biologie*, t. II, 1850).

mouton. Il me suffira de rapporter deux ou trois analyses dans chaque espèce.

Sur un mouton adulte et bien portant, égorgé dans l'intervalle d'une digestion. Le foie, qui était très sain dans toutes ses parties, pesait 650 grammes. Sa décoction était peu laiteuse et sucrée ainsi qu'il suit :

        Sucre pour 100 grammes de foie. 1 gr.,75
        Sucre pour la totalité du foie.   11   ,37

Sur un autre mouton, tué par hémorrhagie pour les usages de la boucherie, le foie, bien sain, pesait 620 grammes ; son tissu était plus sucré que chez le mouton de l'expérience qui précède.

        Sucre calculé pour 100 grammes de foie. . . . 2 gr.,10
        Sucre pour la totalité du foie.   13   ,02

Sur un troisième mouton, tué dans les mêmes circonstances que les deux précédents, le foie était envahi par plusieurs tumeurs hydatiques. Je pus constater la présence du sucre en même temps dans le liquide citrin des poches hydatiques.

        Sucre pour 100 grammes du tissu du foie.. . . . 2 gr.,40
        Sucre pour 100 grammes de liquide hydratique.   0   ,10

On voit, d'après cette observation, que la présence des hydatides n'avait pas empêché le tissu du foie resté sain de produire du sucre. On voit de plus que la matière sucrée avait pénétré dans les poches hydatiques, probablement par endosmose.

Sur un bœuf bien portant et assommé pour les besoins de la boucherie. L'animal, tué le matin à huit heures, avait mangé du foin la veille au soir.

Le foie pesait 5 kilogrammes.

        Sucre pour 100 grammes du foie. 3 gr.,25
        Sucre pour la totalité de foie.   162   ,50

Sur une vache laitière, à jeun depuis vingt-quatre heures, le foie pesait 4 kilogrammes.

        Sucre pour 100 grammes de foie. 1 gr.,00
        Sucre calculé pour la totalité du foie. . . . 40   ,00

Sur une vache arrivée environ au quatrième mois de la gestation, le foie contenait 2 gr.,65 de sucre pour 100 grammes de son tissu.

Chez aucun de ces animaux, la bile, prise dans la vésicule du fiel, ne contenait de sucre.

5° *Pachydermes.* — Le cheval (*equus cabalus* Lin.) et le cochon (*sus scropha* Lin.) sont les deux seules espèces de cet ordre sur lesquelles j'aie pu expérimenter très souvent. J'ai constaté chez ces animaux la présence du sucre dans le tissu hépatique, sans cependant en doser la quantité. Une seule fois l'analyse fut faite sur un vieux cheval bien portant, qui fut assommé pendant la digestion à la suite d'un repas composé de foin et d'avoine.

Le foie pesait. . . . . 2 kil. 500 gr.
Sucre pour 100 grammes de tissu du foie. . . 4,08
Sucre calculé pour tout le foie. . . . 102,00

Je n'ai pas recherché la présence du sucre dans le foie de mammifères appartenant aux ordres des *cétacés*, des *édentés*, des *marsupiaux* et des *monothrèmes*, parce que je n'ai pas pu m'en procurer des individus. Je pense néanmoins que mes expériences suffisent pour permettre de légitimement conclure, que la *présence normale* du sucre dans le foie, à l'exclusion de tous les autres organes ou tissus de l'économie, est une condition commune à l'homme et aux animaux mammifères.

§ III. Recherches du sucre dans le tissu du foie chez les oiseaux.

Les oiseaux, de même que les mammifères, possèdent un foie qui également est sucré, à l'exclusion de tous les autres organes du corps. La sécrétion biliaire se trouve dépourvue aussi de matière sucrée. C'est ce que vont démontrer les observations, et analyses qui sont relatées ci-après :

1° *Rapaces.*—J'ai examiné le foie de deux jeunes cresserelles (*falco tinnunculus* Lin.). Ces animaux, depuis un mois et demi (époque à laquelle ils furent pris dans leur nid), avaient été nourris exclusivement avec du cœur de bœuf. Au moment où ils furent tués par décapitation, ils étaient en digestion commençante. Les deux foies réunis pesaient 15 grammes.

Sucre pour la totalité des deux foies. . . . . 0 gr. 16
Sucre calculé pour 100 grammes de foie. . . . 1   06

Sur deux jeunes chouettes (*strix ulula.* Lin.) nourries constamment et exclusivement avec du bœuf cru. Elles furent tuées par décapitation pendant la digestion. Leurs deux foies pesaient ensemble 10 grammes.

Sucre pour la totalité des deux foies. . . . . 0 gr. 15
Sucre calculé pour 100 grammes de foie. . . . 1   50

Une effraie (*strix flammea*, Lin.), âgée de deux mois et demi environ, fut tuée par décapitation au moment où elle était en pleine digestion de viande. Son foie, qui pesait 10 grammes, contenait du sucre dont la quantité ne fut pas dosée.

2° *Passereaux.* — Dix moineaux (*fringilla domestica*, Lin.), habituellement nourris avec des graines de chènevis, furent tués par décapitation au moment de la digestion. Les dix foies réunis pesaient   grammes.

Sucre pour la totalité des dix foies. . . . . . 0 gr. 20
Sucre calculé pour 100 grammes de foie. . . . 2   00

Parmi les passereaux, j'ai encore constaté la présence du sucre dans le foie de trois hirondelles de rivage (*hirundo riparia*, Lin.), dont l'estomac était rempli d'insectes, et qui avaient été tuées à coups de fusil; chez le freux (*corvus frugilegus*, Lin.), chez l'alouette (*alauda arvensis*).

3° *Gallinacés.* —Dans cet ordre d'oiseaux, j'ai constaté la présence du sucre dans le foie chez le pigeon (*columba livia*, Bris.) ; chez le coq (*phasianus gallus*, Lin.), chez le dindon (*meleagris gallo-pavo*, Lin.), chez la perdrix (*tetrao cinereus*, Lin.).

4° *Échassiers.* — Une bécassine (*scolopax gallinager*, Lin.), le seul individu que j'aie examiné parmi les échassiers, avait le foie très évidemment sucré.

5° *Palmipèdes.*—Très souvent j'ai pu constater que le canard (*anas domestica*, Lin.) et l'oie (*anas anser*) ont le foie abondamment pourvu de matière sucrée. J'ai également plusieurs fois eu l'occasion d'observer que, lorsque chez ces animaux le foie subit cette altération spéciale connue sous le nom de *foie gras*, il contient du sucre en proportion au moins aussi considérable qu'à l'état normal. Je citerai une seule ana-

6

lyse de foie gras de canard, qui doit être un peu au-dessous de la quantité normale, parce qu'elle a été faite cinq ou six jours après la mort de l'animal.

Le foie gras pesait. . . . . 750 gr.
Sucre pour 100 grammes de tissu du foie. . . 1 40
Sucre calculé pour la totalité du foie. . . . 10 50 (1).

§ IV. Recherches du sucre dans le foie des reptiles.

Les expériences que j'ai rapportées dans les trois paragraphes précédents ont été faites sur des animaux à sang chaud. Il était intéressant de rechercher si le foie fournit également du sucre à l'organisme d'une manière normale chez les animaux dont la respiration et la caloricité oscillent en quelque sorte au gré des modifications de la température ambiante, et qui, pour cela, sont dits à *sang froid*. Sous le rapport du sucre, le foie des animaux à sang froid ne diffère pas de celui des animaux à sang chaud. Toutefois la fonction productrice du sucre éprouve de grandes intermittences et subit aussi cette sorte d'engourdissement périodique qui frappe les autres fonctions sous l'influence de l'abaissement de la température du corps et de l'hibernation. Plus tard je reviendrai sur cette question, quand je m'occuperai du genre de relation qui relie cette production du sucre dans le foie à la respiration et à la température animale. Mais comme ici il s'agit uniquement de constater la fonction productrice du sucre dans le foie des reptiles, j'ai dû me placer dans les conditions que j'ai reconnues être les meilleures pour l'observer. C'est pour cela qu'on trouvera toutes les expériences faites sur des animaux tués pendant l'été et au moment de la période digestive.

Chez les reptiles, comme chez les mammifères et les oiseaux, le tissu du foie est le seul qui renferme normalement du sucre. On verra aussi que chez eux la bile sécrétée par le foie sucré est également dépourvue de sucre.

1° *Chéloniens*.—Une tortue terrestre (*testudo græca*, L.) de moyenne

(1) Le foie de ce canard, à raison de son volume exagéré, contient beaucoup plus de sucre d'une manière absolue que celui d'un autre canard. Mais ramenée en centièmes pour le tissu du foie, la quantité relative ne diffère pas notablement.

taille, conservée depuis longtemps dans un jardin, en état de liberté, fut tuée étant en pleine digestion. Après avoir enlevé le plastron de la carapace, j'ai constaté que l'estomac était rempli de lombrics terrestres en partie digérés. Le foie pesait 11 gram. 5 décigr. Il donna une décoction sucrée et opaline.

Sucre pour la totalité du foie. . . . . 0 gr. 12
Sucre calculé pour 100 grammes du tissu du foie. . . 1   04

Sur plusieurs petites tortues aquatiques (*testudo orbicularis*, Lin.), tuées en digestion, j'ai également constaté la présence du sucre dans le foie, sans en doser la quantité.

2° *Sauriens.*—Dans cet ordre d'animaux, j'ai constaté très nettement la présence du sucre dans le foie de plusieurs lézards (*lacerta viridis*) et gris des murailles (*lacerta agilis*, Daud.), sacrifiés pendant la digestion. Mais chez aucun de ces animaux je n'ai pu doser la quantité de sucre.

3° *Ophidiens.* — J'ai constaté le sucre dans le foie : 1° chez deux orvets communs (*anguis fragilis*, Lin.) pris en digestion et ayant l'estomac encore rempli d'insectes ; 2° chez une couleuvre à collier (*coluber natrix*, Lin.), prise en digestion et qui était au moment de la ponte ; 3° chez plusieurs vipères communes (*coluber berus*) prises pendant l'été et sacrifiées en digestion.

4° *Batraciens.* — Parmi les Batraciens, j'ai constaté la présence du sucre dans le foie chez beaucoup de grenouilles vertes et rousses (*Rana esculenta* et *R. temporaria*), chez cinq crapauds (*Rana Bufo*, Lin.), et sur quinze salamandres aquatiques (*Salamandra punctata*, Latr.). Tous ces animaux, pris dans les champs et les marais pendant l'été, avaient été tués immédiatement, afin de les surprendre dans la période digestive.

§ V. Recherches du sucre dans le foie des poissons.

Chez les poissons, où l'on ne retrouve plus la respiration aérienne, le foie conserve toujours sa même fonction de distribuer du sucre à l'organisme par l'intermédiaire du fluide sanguin, et son tissu est toujours sucré, à l'exclusion de tous les autres organes ou tissus du corps. De même que pour les reptiles, nous avons généralement recueilli nos observations chez les poissons pris au moment de la période digestive, époque à laquelle la quantité de sucre est plus abondante et plus facile à démontrer dans le foie.

Les poissons d'eau douce et les poissons de mer sont également pourvus de cette faculté singulière de produire du sucre, qui, chez eux ainsi que chez les autres animaux, s'effectue avec toutes les espèces d'alimentations, végétale, animale ou mixte.

Poissons osseux. — 1° *Acanthoptérygiens.* J'ai constaté la présence du sucre dans le tissu du foie :

Sur plusieurs perches (*perca fluviatilis*, Lin.) ;

Sur un très gros bar commun (*perca labrax*, Lin.), pris pendant le mois d'août et se trouvant en pleine digestion d'annélides dont on retrouvait encore les débris dans son estomac. Le foie, très volumineux, pesait 550 grammes. A l'état frais, son tissu était résistant et comme craquant sous le doigt qui le pénétrait.

Sucre pour 100 grammes du tissu du foie. . . . 1 gr. 20
Sucre pour la totalité du foie. 5 60

Par la fermentation d'une partie de la décoction hépatique, j'ai obtenu de l'alcool qui brûlait très bien, mais qui possédait une odeur de poisson très forte et très désagréable.

2° *Malacoptérygiens abdominaux.* Sur un grand nombre de gardons (*cyprinus idus*, Lin.), d'ablettes (*cyprinus alburinus*, Lin.), de carpes (*cyprinus carpio*, Lin.) pris dans la Seine pendant le mois d'août et se trouvant en pleine digestion, j'ai eu très fréquemment l'occasion de constater la présence du sucre en grande quantité dans le foie. Le tissu de l'organe, très délicat et friable, donnait toujours dans ces circonstances une décoction opaline et sucrée.

Sur un chevaine ou meunier femelle (*cyprinus dobula*, Lin.), pêché dans la Seine en juin, et se trouvant en frai, j'ai examiné le foie pour y rechercher le sucre. L'animal, pris à jeun depuis deux jours, était à jeun. Son estomac était vide ainsi que ses intestins. Le poisson entier pesait 480 grammes et son foie 8 grammes; l'organe hépatique est profondément lobé; son tissu, jaune pâle et très friable, contenait du sucre d'une manière évidente. La bile, de couleur vert-émeraude, ne renfermait aucune trace de sucre.

Sur deux barbeaux mâles (*cyprinus barbus*, Lin.), pêchés dans la Seine au mois de juin et tués immédiatement après. Les deux barbillons pèsent ensemble 820 grammes ; le foie de l'un pèse 11 grammes, celui de l'autre 5 grammes.

Sucre pour les deux foies réunis. . . . . . 0 gr. 29
Sucre calculé pour 100 grammes de foie. . . 1   80

Enfin, très souvent j'ai eu l'occasion de constater le sucre dans le foie frais de truites, et sur l'une d'elles, qui pesait 17 kilogrammes, j'ai obtenu de l'alcool par la fermentation de la décoction hépatique.

3° *Malacoptérygiens subbranchiaux.* Le foie de la morue (*gadus morrhua*) contient beaucoup de sucre. C'est un fait que j'ai pu fréquemment vérifier sur des foies de morue frais et qui étaient destinés à la préparation de l'huile.

Dans le même ordre de poissons, j'ai encore examiné le foie d'un turbot (*pleuronectes maximus*, Lin.) très frais, qui contenait du sucre d'une manière très évidente.

4° *Malacoptérygiens apodes.* L'anguille commune (*muræna anguilla*, Lin.) et le congre (*muræna conger*) sont les deux seules espèces que j'ai pu me procurer dans cet ordre de poissons.

Mes premières expériences furent faites en 1848 sur deux anguilles qui, prises pendant l'hiver, avaient été conservées dans des baquets pendant plusieurs mois à jeun. Le tissu de leur foie, quoique examiné à l'état très frais, ne renfermait pas sensiblement de matière sucrée. Je donnai ces premiers résultats, tels que je les avais observés, dans mon mémoire que je publiai alors (1). Mais depuis j'ai examiné un grand nombre d'autres anguilles qui m'ont toujours présenté du sucre dans leur foie quand elles étaient prises dans des conditions inverses, c'est-à-dire qu'elles étaient tuées pendant l'été, au moment où leur fonction digestive était en pleine activité. Ces remarques né s'appliquent pas seulement aux anguilles, mais aux autres animaux, ainsi qu'il sera établi et expliqué plus loin.

Sur deux congres étant en digestion de poissons, dont on retrouvait encore les fragments dans leur estomac, le foie de ces animaux était jaunâtre, d'un tissu dur et résistant. Il renfermait beaucoup de sucre dont j'ai pu facilement obtenir de l'alcool par la fermentation.

Chondroptérygiens ou poissons cartilagineux. — 1° *Sturioniens.* J'ai

(1) Claude Bernard, *De l'origine du sucre*, etc. (*loc. cit.*).

pu analyser le foie frais de deux esturgeons (*acipenser sturio*, Lin.),
et dans les deux cas j'ai constaté la présence du sucre d'une manière
évidente. 2° *Sélaciens*. J'ai examiné sept grandes roussettes ou chiens
de mer (*squalus canicula*, Lin.). Tous ces poissons étaient en digestion
et avaient dans leur estomac des fragments de poissons en partie chy-
mifiés.. Chez tous, le tissu hépatique donnait une décoction sucrée
dont j'ai pu retirer de l'alcool par la fermentation.

Sur un grand nombre de foies de raie (*raia batis*), achetées dans
toutes les saisons sur les marchés de Paris, j'ai recherché vainement
la présence du sucre. Le tissu du foie diffluent, blanchâtre, traité par
l'eau ou l'alcool, ne leur cède aucune matière qui donne les caractères
du sucre (glucose). Je ne pense pas pour cela que cette absence de
matière sucrée dans le foie de la raie constitue une exception pour cet
animal. Je pense, au contraire, que cela tient uniquement à ce que le
sucre se détruit plus vite dans le foie de la raie que dans celui des
autres poissons. Chez tous les animaux également, le sucre hépatique
diminue, puis disparaît à mesure que le tissu du foie s'altère. Or, sous
ce rapport, le tissu du foie de raie est excessivement altérable, et le
tissu des foies qu'on trouve à Paris, sur les marchés, est tellement
modifié, qu'il est impossible de le caractériser anatomiquement. Il s'y
est développé une grande quantité d'ammoniaque, et les cellules hépatiques y sont complétement détruites, tandis qu'elles restent parfaitement reconnaissables chez les autres poissons de mer où le tissu
hépatique est encore sucré. J'ajouterai que je suis d'autant plus fondé
à donner cette explication que, sur une petite raie bouclée (*raia
clavata*, Lin.) que j'avais reçue très fraîche, et dont le foie n'avait
pas été exposé à l'air, le poisson n'ayant pas été ouvert, j'ai trouvé dans
le tissu hépatique, qui était moins friable que chez les raies précédemment examinées, du sucre (glucose) d'une manière très évidente, quoique en petite quantité.

Si nous récapitulons actuellement toutes nos expériences, qui jusqu'ici se rapportent exclusivement à l'homme et aux divers ordres
d'animaux vértébrés, nous acquérons la démonstration qu'à l'état physiologique la matière sucrée se trouve d'une manière constante dans le
foie de tous ces animaux, quels que soient du reste leur alimentation,

leur âge, leur sexe, etc. Ainsi, le foie sucré se rencontre aussi bien chez les *carnivores* que chez les *herbivores* et les *omnivores* ; aussi bien chez les *oiseaux*, les *mammifères* et les *reptiles*, qui vivent dans l'air ou sur la terre, que chez les *poissons* qui habitent les eaux douces ou salées.

Chez tous ces animaux, la sécrétion biliaire coule pure dans l'intestin, tandis que la matière sucrée est emportée directement par le courant sanguin des veines hépatiques. Cette séparation, qui s'effectue de la sorte dans le foie à l'égard de l'expulsion du sucre et de la bile, et qui est fondée sur l'identité de disposition de l'appareil circulatoire hépatique chez les vertébrés, peut être regardée comme caractéristique chez les de cet embranchement d'animaux, car nous verrons plus tard que invertébrés il en est autrement.

Mais avant d'entrer dans l'étude de ces diverses variations ou dégradations, comme on le dit, de cette fonction productrice de sucre chez les animaux, il importe d'abord de la bien fixer dans ses principaux phénomènes. Nous devrons donc tout d'abord dans notre deuxième chapitre nous attacher à démontrer l'*origine* de cette matière sucrée, que nous avons trouvée jusqu'ici dans le foie normalement, et dans des proportions assez peu variables qu'il ne sera pas sans intérêt de récapituler dans le tableau suivant, pour saisir leur ensemble d'un seul coup d'œil.

Tableau récapitulatif des expériences du premier chapitre. — Présence du sucre dans le foi[e] de l'homme et des animaux vertébrés.

ANIMAUX A SANG CHAUD.	SUCRE du foie calculé sur 100.	ALIMENTATION.	DIGESTION.	AGE. — SEXE.	REMARQUES.
Mammifères,					
Homme	1,79. .	Mixte.	A jeun. . . .	42 ans.	
Id.	2,14. .	Id.	En digestion.	22 —	
Id.	1,10. .	Id.	A jeun. . . .	30 —	Foie déjà al-téré.
Singe.	2,15. .	Id.	En digestion . .	Femelle adulte.	
Chien	1,90..	Viande.	Id.	Mâle id.	
Id.	1,65..	Id.	. . . .	Id. id.	
Id.	1,30..	Mixte.	En digestion .	Femelle adulte.	En rut.
Id.	1,91. . .	Viande.	Id.	Mâle adulte.	
Id.	1,70..	Mixte.	Id.	Id. id.	
Chat.	2,09..	Id.	Id.	Chatte adulte. . . .	En gestation.
Id.	2,60..	Id.	Id.	Id. id.	
Id.	1,14..	Id.	Id.	Chat mâle adulte.	
Id.	2,10..	Id.	Id.	Chatte adulte.	
Id.	2,10..	Lait	Id.	Petit chat de 8 jours.	Était allaité par sa mère.
Id.	1,60..	Mixte.	A jeun. . . .	Chat adulte.	
Hérisson. . . .	non dosé.	Viande.	En digestion . .	Adulte.	
Taupe.	Id. . .	Lombrics terrestres.	Id.	Id.	
Chauve-souris . .	Id. . .	Insectes	Id.	Adulte et jeune.	
Écureuil. . . .	3,66..	Mixte.	Id.	Femelle adulte.	
Cobaye.	1,70..	Herbacée.	Id.	Femelle adulte.	
Lapin	1,64..	Id. . . .	Id.	Jeune.	
Id.	1,50..	Id. . . .	Id.	Id.	
Id.	2,66..	Id. . . .	Id.	Adulte.	
Id.	1,95..	Mixte.	Id.	Id.	
Surmulot	non dosé.	Id. . .	Id.	Id.	
Rat noir. . . .	Id. . .	Id. . . .	Id.	Id.	
Chèvre.	3,89..	Id. . . .	Id.	Androgyne jeune.	
Mouton.	1,75..	Id. . . .	A jeun. . . .	Adulte.	
Id.	2,15..	Id. . . .	?	Id.	
Id.	2,10..	Id. . . .	?	Id.	
Bœuf.	3,25..	Id. . . .	Fin de digestion.	Id.	
Id.	2,65..	Id. . . .	?	Vache adulte. . . .	Au 4e mois de gestation.
Id.	1,00..	Id. . . .	A jeun. . . .	Vache adulte. . . .	Laitière.
Cheval.	4,08..	Id. . . .	En digestion . .	Vieux mâle.	
Cochon.	non dosé.	Id. . . .	?	?	
Oiseaux.					
Crécerelle. . . .	1,06...	Viande.	En digestion . .	Jeune.	
Chouette. . . .	1,50...	Id. . . .	Id.	Id.	
Effraie.	non dosé.	Id. . . .	Id.	Adulte.	
Moineau. . . .	2,00...	Graines	Id.	Id.	
Hirondelle. . .	non dosé.	Insectes	Id.	Id.	
Freux..	Id. . .	Viande.	Id.	Id.	
Alouette.	Id. . .	Graines	Id.	Id.	
Pigeon.	Id. 93.	Id. . . .	Id.	Jeune.	
Coq	Id. . .	Id. . . .	Id.	Adulte.	
Dindon.	Id. . .	Mixte.	Id.	Id.	
Perdrix	Id. . .	Graines.	?	Id.	
Bécassine	Id. . .	?	?	Id.	
Vanneau.	Id. . .	?	?	Id.	
Oie.	Id. . .	Mixte.	En digestion . .	Id.	
Canard.	1,40..	Id.	A jeun. . . .	Id.	Canard gras d'Agen.

Suite du tableau.

ANIMAUX A SANG FROID.	SUCRE du foie calculé sur 100.	ALIMENTATION.	DIGESTION.	AGE. — SEXE.		REMARQUES.
Reptiles.						
Tortue.	1,04. . .	Lombrics terrestres.	En digestion . .	Adulte.		
Lézard.	non dosé.	Insectes.	Id.	Id.		
Orvet.	Id. . .	Id.	Id.	Id.		
Couleuvre. . . .	Id. . .	Viande.	Id.	Id.	femelle. . .	Au moment de la ponte.
Vipère.	Id. . .	Id.	Id.	Id.		
Grenouille. . . .	Id. . .	Insectes.	Id.	Id.		
Crapaud.	Id. . .	Id.	Id.	Id.		
Salamandres. . .	Id. . .	Larves.	Id.	Id.		
Poissons.						
Perche.	non dosé.	Viande.	En digestion . .	Id.		
Bar	1,10. . .	Herbacée.	Id.	Id.		
Gardon.	non dosé.	Mixte.	Id.	Id.		
Ablette.	Id. . .	Id.	Id.	Id.)		
Carpe	Id. . .	Mixte.	Id.	Id.		
Chevaine.	Id. . .	?	A jeun.	Id.	femelle. . .	En frai.
Barbeau.	4,80. . .	Viande.	En digestion . .	Id.	mâle.	
Truite.	non dosé.	Id.	Id.	Id.		
Morue.	Id. . .	Id.	Id.	Id.		
Turbot.	Id. . .	Id.	Id.	Id.		
Anguille.	Id. . .	?	Id.	Id.		
Congre.	Id. . .	Viande.	Id.	Id.		
Esturgeon. . . .	Id. . .	Id.	Id.	Id.		
Grande roussette.	Id. . .	Id.	Id.	Id.		
Raie.	Id. . .	Id.	Id.	Id.		Foie altéré.

CHAPITRE DEUXIÈME.

ORIGINE DU SUCRE QUI EXISTE DANS LE FOIE DE L'HOMME ET DES ANIMAUX VERTÉBRÉS.

Parmi les questions que l'on peut se faire relativement à la provenance de la matière sucrée hépatique, les trois suivantes se présentent naturellement à l'esprit.

1° Le sucre qu'on rencontre dans le tissu du foie provient-il nécessairement du dehors, c'est-à-dire a-t-il été primitivement introduit dans l'organisme au moyen d'une alimentation féculente ou sucrée, et n'a-t-il fait que se déposer dans le foie pour de là se répandre dans l'organisme?

2° Le sucre qu'on rencontre dans le foie, s'il ne vient pas nécessairement du dehors, pourrait-il s'être formé dans certains organes du

7

corps, et être venu se déposer secondairement dans le tissu hépatique, qui serait son lieu de séjour sans être son lieu de formation?

3° Le sucre hépatique au contraire se produit-il sur place dans son lieu de résidence, par suite de certaines métamorphoses que subiraient les éléments du sang en traversant le foie, auquel le nom d'organe producteur de matière sucrée conviendrait dès lors parfaitement?

Cette dernière proposition exprime la réalité; mais avant d'exposer les expériences qui la démontrent, il faut préalablement discuter les deux premières suppositions, et examiner ensuite si cette origine *intérieure* de matière sucrée suffit à l'organisme, indépendamment de l'origine *extérieure* de sucre pouvant provenir de l'alimentation.

§ I. Le sucre qu'on rencontre dans le foie ne provient pas nécessairement du dehors; il peut se former dans l'organisme, car on le rencontre dans le tissu hépatique indépendamment de l'alimentation sucrée ou féculente.

La réponse à la proposition qui sert de titre à ce paragraphe est déjà implicitement contenue dans le tableau récapitulatif de la fin du premier chapitre. Nous avons trouvé, en effet, le foie sucré aussi bien chez les animaux carnivores que chez les herbivores et chez les omnivores; mais, pour une question aussi importante, il ne suffit pas d'une solution approximative, il faut encore donner une démonstration directe et complète. C'est dans ce but qu'ont été instituées les expériences qui suivent:

1° Un chien de taille moyenne et adulte fut nourri pendant trois mois exclusivement avec de la chair cuite. Le chien était tenu attaché, et on lui donnait chaque jour à manger une de ces têtes de mouton cuites à l'eau, telles que les vendent les tripiers de Paris. Après trois mois de cette alimentation exclusive, l'animal n'avait aucunement dépéri, et possédait tous les signes d'une santé parfaite. Il fut alors sacrifié par la section du bulbe rachidien (1) pendant la période digestive. Son foie, qui pesait 223 grammes, fut broyé en totalité dans un

(1) La section du bulbe rachidien est le procédé que je préfère pour sacrifier les animaux, parce qu'il est beaucoup plus expéditif et plus expérimental que la strangulation ou l'assommement. A l'aide d'une sorte de perforateur aplati que j'emploie, cette section du bulbe rachidien est faite en un clin d'œil. Voici comment j'opère. De la main gauche, je saisis solidement le nez du chien ou de l'animal quelconque,

mortier, après quoi on le fit cuire dans 400 grammes d'eau. Sa décoction opaline et jaunâtre réduisait très bien le réactif cupro-potassique.
32 centimètres cubes du liquide furent employés pour le dosage, qui
donna 1^{gr},90 de sucre pour 100 grammes de tissu du foie, et 4^{gr},43 pour
la totalité de l'organe. Le reste de la décoction hépatique, mis en contact avec la levûre de bière, donna lieu à une fermentation alcoolique
très active. Par une première distillation, je séparai du liquide total,
qui s'élevait à un demi-litre environ, à peu près un tiers, que je soumis
ensuite à une seconde distillation avec de la chaux vive. J'obtins ainsi
environ 1 centimètre cube d'un liquide alcoolique incolore que je
fis brûler pour constater les caractères de l'alcool. Il est inutile d'ajouter
qu'à l'autopsie le canal intestinal de ce chien fut fendu avec beaucoup de soins, et qu'on ne rencontra aucune trace de matière sucrée
dans son contenu examiné d'un bout à l'autre.

2° Une chienne de forte taille et adulte fut nourrie pendant huit
mois exclusivement avec de la tripe, c'est-à-dire avec des estomacs de
bœuf et de mouton, que les tripiers vendent après les avoir lavés à
l'eau chaude. Après huit mois de cette nourriture, dont on lui donnait
à peu près à discrétion, cette chienne se portait très bien, et prenait
toujours ses repas avec avidité. Elle fut sacrifiée pendant la digestion
par la section du bulbe rachidien, et son foie, qui pesait 652 grammes,
fut bouilli avec un peu d'eau pour en extraire le sucre. La décoction
hépatique, mise en contact avec de la levûre de bière, fermenta bientôt. Le lendemain le liquide fut distillé, et j'en séparai le premier tiers
qui passa, pour le distiller de nouveau avec de la chaux vive. Je recueil-

---

et je fléchis le museau en bas, de manière à le rapprocher du cou, afin de faire saillir
la bosse occipitale externe par cette flexion de la tête, et à rendre, aussi grand
que possible, l'écartement occipito-atloïdien. Alors avec l'indicateur de la main
droite armée du perforateur, je sens la bosse occipitale externe, et à 1 ou 2 centimètres en arrière, je plonge l'instrument acéré violemment et obliquement en avant
suivant une ligne dirigée vers le nez de l'animal. Je pénètre ainsi d'emblée dans le
crâne, en traversant les parties molles de la nuque, et en passant entre l'occipital et
l'atlas. Je fais avec la pointe de l'instrument un mouvement à droite et à gauche
pour dilacérer le bulbe rachidien et l'animal est mort.

Si l'on a besoin d'avoir les centres nerveux intacts, c'est sans doute un procédé
impraticable. Alors j'ai recours à la ligature de la trachée ou à une insufflation d'air
par la veine jugulaire qui est assez rapidement mortelle, surtout si l'on insuffle une
grande quantité d'air.

liș les premières portionș qui passèrent à cette seconde distillation, et j'obtins environ 3 centimètres cubes d'alcool parfaitement incolore, dont je fis brûler une partie, et dont je conserve encore l'autre, pour la montrer dans mes cours comme échantillon d'alcool provenant du foie d'un chien nourri pendant huit mois exclusivement avec de la viande.

3° Un jeune chien de la race des gros dogues, appartenant à un boucher, fut constamment nourri avec de la viande. Pendant trois ans, à ce que me dit son maître, l'animal ne mangea jamais de pain; il ne recevait pour toute nourriture que des débris de viande crue. Au bout de ce temps, le chien fut empoisonné par la strychnine. Son foie fut broyé comme à l'ordinaire, et sa décoction, qui réduisait les sels de cuivre dissous dans la potasse, fut mise en contact avec la levûre de bière. La fermentation s'établit bientôt sous l'influence d'une température convenable, et par deux distillations successives, dont la dernière fut faite sur la chaux, comme dans les cas précédents, j'obtins de l'alcool que je pus reconnaître à tous ses caractères. L'animal était en digestion; son estomac contenait de la viande non encore digérée; mais dans aucune partie de l'intestin on ne rencontra de la matière sucrée.

Ces trois expériences, dont les deux premières ont été scrupuleusement conduites et surveillées par moi, montrent que le sucre se rencontre toujours dans le foie, même dans les cas d'une alimentation exclusivement composée de viande, dans laquelle l'analyse chimique ne décèle aucune trace de matière sucrée.

Chez les oiseaux, les choses se passent, sous ce rapport, comme chez les mammifères; car, parmi les expériences rapportées dans le premier chapitre de ce mémoire (page 40), il s'agit de deux crécerelles et de deux chouettes, qui, prises dans leur nid, avaient été nourries par moi avec du cœur de bœuf, c'est-à-dire avec une substance entièrement dépourvue de sucre. Au bout d'un mois et demi de cette alimentation, ces animaux furent sacrifiés, et le tissu du foie contenait 1^{gr},06 pour 100 de sucre chez les crécerelles, et 1^{gr},50 pour 100 chez les chouettes.

D'après toutes ces expériences, et d'après beaucoup d'autres semblables, suivies pendant moins longtemps que les précédentes, mais variées et répétées de toutes les manières, il me paraît impossible de ne pas admettre que *la présence du sucre dans le foie est un phéno-*

mène entièrement indépendant de la nature sucrée ou féculente de l'alimentation.

Il serait insignifiant, devant ces expériences, de se rejeter sur une alimentation sucrée ou féculente antérieure pour expliquer la présence du sucre dans le foie. Lorsque des chiens ont été nourris pendant trois ou huit mois exclusivement avec de la viande, ou même quand durant toute leur vie des oiseaux n'ont pas eu d'autre nourriture, on aurait beau supposer que le sucre s'était localisé dans le foie comme l'arsenic, le mercure ou l'antimoine, il aurait dû, au moins, disparaître dans sa plus grande partie. Or, chez le premier chien, nourri pendant trois mois avec de la viande, nous avons trouvé que son foie contenait 1ᵍʳ,90 pour 100 de sucre, c'est-à-dire une quantité égale et même plus forte que celle qu'on trouve quelquefois avec une alimentation mixte chez les mêmes animaux. Du reste, toutes ces sortes d'objections, qui seraient basées sur une prétendue localisation et conservation de la matière sucrée alimentaire dans le foie, tomberont d'elles-mêmes quand, plus tard, nous verrons avec quelle rapidité surprenante le sucre se détruit dans l'organisme.

Je citerai une dernière expérience qui démontre plus clairement encore que le sucre, qui diminue et finirait même par disparaître par l'abstinence (1), se reproduit dans le foie sans l'intervention des matières alimentaires sucrées ou féculentes.

4° Neuf surmulots furent pris vivants dans les égouts de Paris. Trois furent tués aussitôt et leur foie volumineux et jaunâtre était très sucré. L'estomac de ces animaux contenait des matières assez difficiles à reconnaître, mais qui probablement résultaient d'une alimentation mixte. Les six autres surmulots furent conservés dans des cages séparées et complétement privés de nourriture pendant 4 jours. Au bout de ce temps, on en sacrifia trois par strangulation, et le tissu noir et ratatiné de leur foie ne renfermait que des traces de matière sucrée, impossibles à doser. Alors je donnai aux trois derniers surmulots restant de la viande de bœuf crue coupée en morceaux, qu'ils mangèrent tous avec voracité. Six heures environ après ce repas, les trois surmulots furent étranglés, et leur foie, plus volumineux que chez ceux tués en abstinence, offrait encore cette particularité importante,

(1) Voyez plus loin, page 64, les expériences sur l'abstinence.

que *la matière. sucrée y était très abondante* (1,73 pour 100).

Cette expérience, qui a été répétée plusieurs fois de la même manière, avec des résultats analogues, prouve bien nettement que le sucre trouvé dans le foie des trois derniers surmulots en si forte proportion s'y était formé sous l'influence du dernier repas, composé cependant d'aliments (viande) dans lesquels l'analyse chimique n'avait pu déceler aucune trace de matière sucrée.

Il me semble inutile d'insister plus longtemps sur ces faits, qui parlent suffisamment par la nature de leurs résultats, et je pense que la proposition qui sert de titre à ce paragraphe se trouve pleinement vérifiée, c'est-à-dire qu'il reste parfaitement établi et démontré que *le sucre qu'on rencontre dans le foie peut ne pas provenir du dehors, et être exclusivement produit dans l'organisme.*

§ II. Le sucre hépatique produit dans l'organisme animal n'est pas accumulé ni déposé dans le foie, après avoir pris naissance dans une autre partie du corps; il est formé primitivement dans le foie, qui doit dès lors être considéré comme l'organe producteur ou sécréteur de la matière sucrée.

Les expériences rapportées précédemment ont prouvé que le sucre qui existe dans le foie des animaux nourris exclusivement avec de la chair, est formé dans l'organisme. Il faut actuellement savoir si ce serait la viande qui, par les modifications que lui font éprouver les fluides digestifs, pourrait fournir dans le canal intestinal la matière sucrée qui irait ensuite se localiser dans le foie. Cette idée pourrait d'autant plus se présenter à l'esprit de certaines personnes, que Schœrer (1) a signalé dans les chairs musculaires l'existence d'un sucre particulier auquel il a donné le nom d'*inosite*. Il faut néanmoins observer que ce sucre musculaire de Schœrer, ou l'inosite, n'a de commun avec le vrai sucre que sa formule chimique $C^{12} H^{12} O^{12}$, mais qu'il n'en possède aucun des caractères: il ne fermente pas avec la levûre de bière; sa dissolution ne brunit pas par la potasse, ne réduit pas les liquides cupro-potassiques, et il cristallise autrement. L'inosite ne mérite donc pas le nom de sucre. C'est en effet une substance qui est produite, comme on le dit, par une métamorphose

(1) Schœrer, *Verhandl. der physik. med. Gesellschaft in Würzburg*, 1850.

régressive, et qui, sous ce rapport, offre une certaine analogie avec l'urée, la créatine et la créatinine.

L'expérience directe prouve d'ailleurs qu'il n'y a production d'aucune matière sucrée dans la digestion stomacale ou intestinale de la viande. Sur des chiens en digestion de tripes ou de chair musculaire, cuite ou crue, provenant de bœuf, mouton ou veau, j'ai recherché avec le plus grand soin du sucre dans le contenu de leur estomac et de leurs intestins grêle et gros, et dans aucune partie du canal intestinal je n'en ai jamais rencontré la moindre trace. Sur des animaux soumis à la même alimentation, j'ai encore recherché la présence du sucre dans tous les organes qui, situés entre l'intestin et le foie, déversent leur sang dans la veine porte. Les ganglions lymphatiques, de même que le chyle et le sang qui sortent de l'intestin, ne m'ont jamais offert les caractères du sucre. La rate et le sang de la veine splénique sont dans le même cas.

D'après cela on peut donc démontrer expérimentalement que le sang qui arrive dans le foie par la veine porte, et qui amène avec lui tous les produits solubles absorbés dans le tube digestif, ne contient jamais de sucre, dans le cas d'une alimentation composée exclusivement de viande, tandis que ce même sang, après avoir traversé le tissu hépatique, est fortement chargé de matière sucrée. Nous devons nous arrêter quelques instants à cette expérience décisive qui, pour être bien faite, réclame certaines précautions.

On choisira préférablement, pour cette expérience, un chien de forte taille qui pourra fournir de plus grandes quantités de sang, et l'on procédera ainsi qu'il suit:

1° On laissera l'animal à jeun pendant 24 heures, après quoi on lui fera faire un repas copieux, composé exclusivement de viande cuite ou crue.

2° Lorsque la digestion intestinale est en activité, ce qui a lieu 3 heures environ après le repas, s'il a été composé de viande cuite, et 4 heures et demie environ après, s'il a été composé de viande crue, on sacrifiera l'animal par un genre de mort rapide, comme la section du bulbe rachidien, par exemple.

3° Immédiatement après la mort, on fera une incision au-dessous du rebord des fausses côtes, à droite de l'appendice xiphoïde. Par cette incision étroite et pénétrant dans l'abdomen, on introduit le doigt de la main gauche, et en suivant la face inférieure du foie, on le porte en arrière jusque vers l'hiatus de Winslow, pour saisir le paquet des vaisseaux et nerfs biliaires entre le foie et le duodénum. Dans ce paquet se trouve la veine porte qu'on peut, si l'on veut, isoler d'avec le conduit cholédoque, l'artère et les nerfs hépatiques, ou bien on peut lier le tout en masse. Pour cela, pendant que le doigt index de la main gauche en forme de crochet soutient le paquet de nerfs et vaisseaux hépatiques, on passe au-dessous une forte ligature, à l'aide d'une aiguille de Cooper, tenue de la main droite. Après quoi on serre énergiquement la ligature.

4° Tout cela étant fait, on ouvre largement l'abdomen. Alors on trouve habituellement les intestins noirs par la stase du sang qui résulte de la ligature du tronc de la veine porte. On voit aussi chez l'animal en digestion les vaisseaux chylifères, remplis magnifiquement, se détacher en blanc sur la couleur brune de l'intestin. Dès que l'abdomen sera ouvert, on passera tout de suite une ligature autour de la veine cave inférieure et immédiatement au-dessus de l'insertion des veines rénales. Puis, par une incision pratiquée au diaphragme en avant et du côté de l'appendice xiphoïde, on saisira avec le doigt la partie de la veine cave inférieure située dans le thorax, pour en faire la ligature au-dessus du foie et au-dessous du cœur.

5° Lorsque toutes ces ligatures auront été placées dans l'ordre qui vient d'être indiqué: on recueillera 1° le sang de la veine porte, en ouvrant le vaisseau au-dessous de la ligature entre cette dernière et l'intestin; 2° le sang des veines hépatiques, en faisant une incision à ces veines au moment où elles s'abouchent dans la veine cave inférieure, qui a été cernée entre deux ligatures, l'une au-dessus, l'autre au-dessous de l'insertion des veines hépatiques. Pour obtenir le plus de sang possible de ces divers vaisseaux, on exercera de légères pressions sur le foie, sur les intestins, ainsi que sur les autres organes d'où vient le sang.

6° Il y a deux sortes de sangs, dont il faut alors faire l'examen au point de vue de la matière sucrée: c'est le sang de la veine porte recueilli avant son entrée dans le foie, et le sang des veines hépatiques recueilli après avoir traversé le foie. On peut pour cela attendre la coagulation spontanée et la séparation du sérum, dans lequel on rechercherait le principe sucré. Mais, à cause de la coloration ordinairement laiteuse et opaline du sérum chez l'animal en digestion, et à cause de la lenteur de la coagulation et de la difficulté de la séparation du sérum, qui se manifeste souvent dans le sang de la veine porte, il vaut mieux, surtout si l'on veut faire l'essai tout de suite, mettre en usage le procédé bien plus expéditif qui consiste à faire bouillir les deux sangs, après y avoir ajouté un peu d'eau ou seulement du sulfate de soude cristallisé, comme il a été dit ailleurs. (Voy. page 20.) Dans cette expérience ainsi faite, on constate ce résultat important : qu'*il n'existe aucune trace de matière sucrée dans le sang de la veine porte avant son entrée dans le foie, tandis qu'on en trouve toujours, et en grande quantité* (1 à 2 p. 100 *du sang frais*) *dans le même sang à sa sortie du foie par les veines hépatiques.*

Cette expérience me paraît décisive pour démontrer que c'est dans le tissu hépatique que la matière sucrée se forme aux dépens du sang charrié par la veine porte, après avoir subi nécessairement certaines métamorphoses spéciales dans ses éléments.

L'*absence* complète de sucre dans le sang de la veine porte, qui est un point capital dans l'expérience qui précède, est obtenue invariablement, pourvu que l'on ait soin d'éviter les circonstances expérimentales accidentelles qui peuvent altérer ce résultat en troublant les phénomènes de la digestion ou de la circulation. La première précaution à garder, est d'avoir soin que l'animal n'ait mangé ni sucre ni fécule avec les aliments de son dernier repas; car s'il y avait du sucre dans l'intestin, on en pourrait rencontrer dans le sang de la veine porte. Ensuite, il faut sacrifier l'animal dans les trois premières heures qui suivent l'ingestion alimentaire, parce qu'au delà de ce temps la matière sucrée se généralise dans l'organisme, comme il sera expliqué plus loin. Enfin, il ne faut pas oublier de faire la ligature préalable de la veine porte avant d'ouvrir largement l'abdomen. Déjà, dans mon premier Mémoire (1), j'ai signalé à l'attention des expérimentateurs un phénomène de rétrocession du sang qui s'opère du foie dans la veine porte lorsqu'on vient à éventrer un animal. Les larges communications vasculaires existant dans le foie entre la veine porte et les veines hépatiques (2), toutes deux dépourvues de valvules, favorisent cette chute

(1) Claude Bernard, *De l origine du sucre dans l'économie animale* (*Arch. gén. de médec.*, 1848).

(2) Claude Bernard, *Sur une nouvelle espèce d'anastomoses vasculaires entre la veine porte et la veine cave* (*Comptes rendus de l'Académie des sciences*, juin 1850,).

du sang hépatique dans le système de la veine-porte, où il se trouve alors naturellement attiré par une sorte de vide qui résulte de l'allongement des troncs vasculaires et du défaut de compression des parois abdominales. La ligature, en s'opposant à ce reflux, maintient en quelque sorte les conditions de la circulation normale et empêche le sang du foie de se mêler, par le fait de l'opération, au sang de la veine porte et de lui communiquer ainsi du sucre d'une manière tout accidentelle (1).

J'ai insisté sur ces diverses conditions expérimentales, parce que je considère l'expérience dont il s'agit comme une des plus importantes. *Elle prouve, en effet, qu'avec le sang qui entre dans son tissu, le foie fabrique du sucre tout aussi bien qu'il sécrète de la bile.*

§ III. Il y a deux origines possibles pour la matière sucrée chez l'homme et les animaux, une origine intérieure et une origine extérieure. L'origine intérieure dépend d'une fonction normale du foie, et elle offre une importance beaucoup plus grande que l'origine extérieure, qui dépend d'une condition variable de l'alimentation.

Tout ce qui a été dit dans les paragraphes précédents avait pour but de prouver qu'il y a une origine de sucre dans le foie, et c'est pour simplifier nos démonstrations que nous avons toujours eu soin de nourrir les animaux sur lesquels nous avons expérimenté exclusivement avec des substances dépourvues de matière sucrée, ou n'en pouvant pas fournir par les procédés chimico-digestifs connus.

D'après toutes ces expériences, il reste incontestablement établi que le foie constitue la source unique et constante du sucre chez les animaux qui n'en reçoivent pas dans leur alimentation. Mais cette condition n'est l'état normal que chez les *carnivores* proprement dits ; chez l'homme et chez beaucoup d'animaux *omnivores*, de même que chez

(1) Chez les oiseaux, les reptiles et les poissons, la veine porte ventrale ne constitue pas un système clos comme chez les mammifères, et elle offre un grand nombre de communications avec le système de la veine cave, ainsi qu'avec le système veineux de Jacobson. On comprend que, chez ces animaux, la ligature de la veine porte à son entrée du foie n'empêche pas complétement le mélange de son sang avec celui des autres parties du corps. C'est là une des raisons qui, jointes à d'autres dont nous parlerons plus loin, expliquent comment M. Gibb peut avoir toujours trouvé du sucre dans le sang de la veine porte chez les oiseaux. (Voy. Gibb, *Mém. cité*)

les *herbivores*, il peut entrer dans les aliments une grande quantité de principes saccharoïdes sous les formes de sucre de canne, sucre de raisin, sucre de lait, dextrine, amidon, fécule, etc. Or, il s'agit de savoir ce que deviennent ces sucres d'origine alimentaire ? Sont-ils modifiés dans le canal intestinal, ou bien sont-ils complétement absorbés à l'état de sucre et portés dans la circulation? Dans ce dernier cas, quelle est leur relation avec le sucre produit dans le foie?

L'amidon et la fécule ne sauraient être absorbés directement; ils doivent préalablement être rendus solubles par leur transformation en dextrine et en glucose dans le canal intestinal. Si par une circonstance quelconque, cette modification n'a pas eu lieu, la fécule non absorbée est rejetée avec les excréments; c'est ce que j'ai observé fréquemment chez les animaux nourris avec un excès de substances féculentes. Quant aux sucres de canne, de lait et de raisin, et à la dextrine, tous ces produits sont solubles et directement absorbables, avec ou sans modifications.

Le sucre de canne, lorsque son absorption se fait lentement, peut, pour une certaine partie, être transformé en glucose en séjournant dans l'estomac ou dans l'intestin; mais si l'absorption intestinale est très active, le sucre passe alors dans le sang de la veine porte sans avoir subi aucun changement appréciable. C'est ce dont je me suis assuré sur un cheval auquel, après une abstinence de vingt-quatre heures, j'avais donné à boire un seau d'eau contenant 1,000 grammes de sucre de canne en dissolution dans l'eau à laquelle on avait ajouté un peu de son. Le cheval ne but qu'une partie du mélange (environ la moitié), et une heure après il fut abattu. L'abdomen fut ouvert aussitôt; je liai la veine porte et je recueillis, au-dessous de la ligature, le sang venant des intestins. Dans ce sang soigneusement examiné je trouvai du sucre de canne en quantité considérable, mais aucune trace de glucose. Au delà du foie, le sang pris dans les veines hépatiques et dans le cœur droit ne renfermait au contraire que du glucose et ne contenait plus du tout de sucre de canne.

Le sucre de lait, lorsqu'il est en dissolution, ne se distingue du glucose que par sa très grande difficulté à éprouver la fermentation alcoolique par l'action de la levûre de bière. Dans le canal intestinal, il peut bien y avoir une certaine quantité de sucre de lait qui soit absorbée en nature; mais cependant j'ai constaté qu'au contact du suc pancréatique, le sucre de lait acquiert très rapidement la propriété de fermenter, ce qui ne permet plus alors de le distinguer du glucose ordinaire.

La dextrine, qui est soluble, doit pouvoir être absorbée directement ; cependant je n'ai jamais rencontré cette substance dans le sang de la veine porte ni dans les vaisseaux chylifères, ce qui s'explique, du reste, très bien par l'impossibilité où se trouverait la dextrine de se maintenir à cet état dans le liquide sanguin qui possède lui-même, ainsi que l'a vu M. Magendie (1), la propriété de changer rapidement la dextrine et même l'amidon hydraté en glucose. Il faut donc admettre que les féculents introduits dans le canal intestinal sont absorbés sous la forme de glucose et non sous celle de dextrine.

Les principes sucrés absorbables dans l'intestin peuvent donc finalement être de trois sortes : 1° le sucre de canne ; 2° le sucre de lait ; 3° le glucose (sucres de fécule, de raisin, de fruits, etc.). Il s'agit de rechercher ce que ces différents sucres vont devenir ultérieurement dans le foie.

La première chose à indiquer, c'est qu'aucune de ces matières sucrées n'est identique *physiologiquement* avec le sucre produit dans le foie. Le caractère physiologique spécial qui distingue le sucre hépatique, c'est sa fermentescibilité rapide et sa très grande destructibilité dans le sang. Il ne partage cette propriété qu'avec le sucre des diabétiques, tandis que tous les autres sucres mentionnés plus haut sont beaucoup plus difficilement décomposables dans le liquide sanguin. Le sucre de canne peut être regardé comme indestructible dans le sang, tandis que les sucres de lait et de fécule s'y détruisent à des degrés divers, mais en proportion toujours bien moindre que le sucre du foie. Toutes les preuves expérimentales de cette proposition seront données avec beaucoup de détails dans un autre travail, lorsque je m'occuperai du mécanisme de la disparition du sucre dans l'organisme animal. Je veux seulement établir ici que les sucres de provenances alimentaires ne sont pas complètement aptes en sortant de l'intestin à être assimilés directement, et qu'ils doivent nécessairement, pour acquérir cette faculté, passer encore dans le foie. Ce passage des sucres alimentaires par le foie est en effet une nécessité anatomique et physiologique, car

(1) Magendie, *De la présence normale du sucre dans le sang* (*Comptes rendus de l'Académie des sciences*, t. XXIII, 1846).

j'ai prouvé ailleurs (1) qu'à l'exclusion des vaisseaux chylifères, le sucre était uniquement absorbé par la veine porte, c'est-à-dire par le système vasculaire qui traverse le foie.

Mais, ces matières sucrées absorbées dans l'intestin, après avoir été modifiées par le foie, s'ajoutent-elles simplement au sucre hépatique, de telle sorte que le foie ou le sang qui en sort contiendront d'autant plus de sucre qu'il y en aura eu davantage d'ingéré dans les voies digestives?

Les choses ne se passent point ainsi à l'état physiologique, et l'on sera étonné de voir qu'on ne fait pas varier la quantité de sucre dans le tissu hépatique par l'addition de substances féculentes dans les aliments ni même par une alimentation féculente exclusive.

Cela ressortira clairement des expériences suivantes qui, pour être plus comparatives, ont été faites sur des animaux de même espèce (chiens) dans des conditions normales de santé.

	Quantité de sucre dans le tissu du foie.	
1ᵉʳ chien nourri à la viande.	1 gr.,90	pour 100
2ᵉ chien nourri à la viande.	1 ,40	
1ᵉʳ chien nourri avec viande et pain.	1 ,70	
2ᵉ chien nourri avec viande et pain.	1 ,30	
3ᵉ chien nourri avec viande et pain.	1 ,30	
1ᵉʳ chien nourri trois jours avec fécule et sucre exclusivement.	1 ,88	
2ᵉ chien nourri six jours avec fécule exclusivement.	1 ,50	

Tous ces animaux ont été sacrifiés, autant que possible, à la même période digestive. On voit donc que l'addition des matières sucrées ou féculentes n'a pas sensiblement modifié la quantité de sucre contenue dans le tissu du foie, car les différences observées uniquement dans les fractions ne sont à l'avantage d'aucune espèce d'alimentation.

En considérant ces chiffres, on se demande ce que devient le sucre introduit dans le canal alimentaire et qui a dû être absorbé par les rameaux de la veine porte. Ce sucre, en arrivant dans le foie, s'y change-t-il en une autre substance, ou bien le foie lui-même, par un mécanisme quelconque, diminue-t-il la production du sucre à mesure qu'il lui en vient davantage des aliments, de telle façon que les deux sources de sucre, l'intérieure ou hépatique, et l'extérieure ou alimentaire, seraient dans

(1) Claude Bernard, *Du rôle de l'appareil chylifère dans l'absorption des substances alimentaires* (*Comptes rendus de l'Académie des sciences*, décembre 1850).

une espèce d'équilibration respective ? On peut faire à ce sujet beaucoup de suppositions, mais les démonstrations rigoureuses seront toujours fort difficiles à donner, parce qu'on ne sait jamais au juste la quantité de sucre passée dans le sang. L'absorption intestinale offre à cet égard les plus grandes différences. J'ai vu chez des animaux à jeun et affamés l'absorption de l'eau sucrée être très rapide et le sucre passer alors en grande quantité dans le sang de la veine porte (1). Mais l'expérimentation m'a également appris que dans les digestions d'aliments mixtes, la quantité de sucre absorbé est beaucoup plus faible qu'on ne le croit généralement. En recueillant dans ces cas et avec les précautions indiquées le sang dans la veine porte, j'y ai toujours trouvé seulement des traces de matière sucrée, trop faibles pour pouvoir être dosées, bien que l'intestin en renfermât beaucoup. La concentration du liquide sucré et l'état de vigueur ou de langueur des animaux peuvent aussi exercer une influence sur l'absorption, et par suite sur la quantité de sucre introduite dans le sang.

Nous avons déjà établi par des expériences rapportées plus bas qu'on ne peut pas faire augmenter la proportion de sucre dans le tissu hépatique par l'ingestion du sucre ou de la fécule dans le canal alimentaire. Je dirai plus : c'est qu'à l'aide du même moyen on ne peut pas non plus faire apparaitre du sucre dans le foie, lorsque cet organe a perdu la faculté d'en fabriquer. Chez les animaux, dont la paralysie du foie a été produite par la section des nerfs vagues, j'ai vu le sucre disparaître du tissu du foie, bien qu'on ingérât de la matière sucrée dans l'estomac. Chez les hommes malades, il en est de même ; j'ai bien souvent par l'autopsie constaté l'absence de sucre dans le foie chez des malades qui avaient pris des tisanes sucrées jusqu'aux derniers moments de la vie. Dans tous ces cas, que devient le sucre? Se change-t-il en acide lactique dans l'intestin et se trouve-t-il absorbé à cet état? ou bien se passe-t-il autre chose encore? Ce sont des questions que je pose sans aucunement chercher à les résoudre pour le moment, parce que cela me ferait sortir de mon sujet.

Bien qu'il soit démontré pour moi que la totalité du sucre introduit dans le tube intestinal n'y est pas absorbée sous cette forme, il reste

_____

(1) L'absorption est alors quelquefois si rapide, qu'il peut passer du sucre dans l'urine. Dans un autre mémoire, j'expliquerai par quel mécanisme ce fait a lieu.

néanmoins à savoir ce que devient cette portion de sucre absorbée en nature. Je suis porté à croire que la matière sucrée apportée dans le foie par la veine porte, au lieu de s'ajouter au sucre hépatique, s'y change plutôt en un autre produit. Voici sur quoi je me fonde. Dans l'état physiologique, ainsi que l'expérience nous l'a montré, la quantité de sucre n'est pas sensiblement augmentée dans le foie par l'alimentation amylacée ou sucrée; mais dans ces circonstances j'ai constamment vu apparaître dans le foie une autre matière qui donne à la décoction hépatique une apparence blanchâtre et opaque absolument comme si c'était du lait. Cette matière lactescente ne se forme que sous l'influence du sucre ou de la fécule, comme je le dirai plus loin, et cette substance particulière prend naissance dans le foie sous l'influence de métamorphoses diverses auxquelles concourt sans aucun doute le sucre alimentaire. Est-ce là une matière protéique ou une matière grasse spéciale tenue en émulsion? Je n'ai pas encore suffisamment étudié cette substance pour savoir à quoi m'en tenir. Seulement je dirai que la transformation du sucre en un autre produit de la nature de ceux que je viens de mentionner n'a rien d'inadmissible, car MM. Dumas et Milne Edwards (1) ont montré que chez les abeilles le sucre peut servir à la formation de la cire.

En résumé, dans le cours de ce paragraphe nous avons vu que, dans les alimentations mixtes, la source du sucre alimentaire, déjà très irrégulière relativement à ses proportions, est rendue encore plus irrégulière et plus incertaine dans son absorption par une foule de phénomènes accidentels. Nous avons vu par opposition l'origine du sucre hépatique rester sensiblement invariable dans toutes ces circonstances. Il nous paraît légitime de conclure de tout cela qu'il n'y a pas de corrélation nécessaire entre ces deux ordres de provenance de matière sucrée, et que le sucre d'origine alimentaire, au lieu de fournir une augmentation de sucre dans le foie et dans l'organisme, donne lieu seulement à une substance opalescente laiteuse encore indéterminée. L'importance de la fonction productrice du sucre dans le foie est donc indiquée par la fixité et l'indépendance de ses résultats, qui, à l'état physiologique, ne peuvent pas être troublés par les innombrables accidents des alimentations.

(1) Dumas et Milne Edwards, *Note sur la production de la cire chez les abeilles* (*Comptes rendus de l'Académie des sciences*, 1843, t. XVII, p. 531).

Il nous reste actuellement à déterminer quels sont les caractères spéciaux de cette fonction productrice du sucre dans le foie considérée en elle-même. Ce sera l'objet du chapitre suivant.

CHAPITRE TROISIÈME.

DE LA PRODUCTION DU SUCRE DANS LE FOIE.—DES CARACTÈRES SPÉCIAUX DE CETTE FONCTION NOUVELLE. — DE SES DIVERSES PÉRIODES. — DE SON MÉCANISME.

Comme toutes les sécrétions physiologiques, la sécrétion du sucre dans le foie est soumise à certaines oscillations fonctionnelles qu'il est important de bien comprendre afin de saisir les relations qui lient l'appareil hépatique aux autres appareils organiques du corps. Il faut d'abord reconnaître que le foie constitue un organe à fonctions multiples, car outre la sécrétion du sucre, que nous avons découverte, il possède la sécrétion biliaire, connue de tous temps, et il a probablement encore d'autres actions qui sont ignorées. Pour le moment, nous aurons donc à rechercher s'il y a un rapport entre la formation de la bile et celle du sucre. Ces deux produits du foie, chez tous les vertébrés, se tournent, pour ainsi dire, le dos dans leur excrétion ; tandis que la bile est conduite dans l'intestin par les voies biliaires, le sucre, au contraire, est mené dans la grande circulation par les veines hépatiques, qui peuvent être considérées comme les conduits excréteurs du principe sucré. Nous examinerons ensuite s'il est possible de déterminer aux dépens de quels éléments du sang chacune de ces sécrétions prend naissance, et enfin nous terminerons par quelques considérations générales sur les variations spéciales ou accidentelles que peut éprouver cette fonction glucogénique, chez les animaux vertébrés.

§ I. Des oscillations de la fonction glucogénique du foie en rapport avec les états d'abstinence ou de digestion.

La production du sucre dans le foie n'est pas, à proprement parler, une fonction intermittente ; car, à l'état physiologique, elle s'accomplit toujours, et d'une manière continue, pendant toute la durée de la vie. Cependant on peut dire, en général, que cette fonction éprouve un abaissement dans l'état d'abstinence, et une sorte de recrudescence à chaque période digestive.

Abstinence. — Lorsqu'on examine le foie de l'homme et des animaux dans les circonstances ordinaires de la nutrition, c'est-à-dire au moment de la digestion, ou dans l'intervalle de deux repas, on rencontré toujours dans le tissu hépatique, et dans le sang qui en sort, des quantités notables de sucre. Mais si alors on soumet les animaux à une abstinence complète, on voit la matière sucrée diminuer successivement dans le foie à mesure qu'on s'éloigne de l'époque de la dernière digestion, et finir même par disparaître entièrement si l'abstinence est suffisamment prolongée. Il ne faudrait pas croire que cette diminution et cette disparition du sucre dans le foie sous l'influence de la privation d'aliments dépende simplement de ce que l'animal use et détruit progressivement la quantité de matière sucrée qu'il avait formée pendant sa dernière digestion. Je montrerai plus tard qu'il faut à peine quelques heures à un animal pour consommer toute la quantité de sucre qu'il a dans le foie, de sorte que s'il n'en formait plus, dès le lendemain déjà, après vingt-quatre heures de jeûne, le tissu hépatique en serait dépourvu. Mais il n'en est point ainsi, parce que dans l'abstinence il se refait encore du sucre aux dépens du sang qui traverse incessamment le foie. Seulement, à mesure que le sang s'use et s'appauvrit, par suite de l'absence de nourriture, la sécrétion sucrée du foie diminue d'énergie, et finit, dans les dernières périodes de l'abstinence, par s'éteindre comme toutes les autres fonctions. Pendant les premiers jours, la production sucrée dans le foie se maintient encore assez considérable, car sur un chien à jeun depuis trente-six heures j'ai trouvé $1^{gr},255$ pour 100 de sucre dans le tissu du foie, et sur un autre chien à jeun depuis quatre jours le tissu hépatique contenait encore $0^{gr},93$ pour 100. Dans les jours suivants, la quantité de sucre formé va en diminuant plus rapidement, pour ne cesser toutefois d'une manière complète que lorsque l'animal, après avoir perdu les quatre dixièmes de son poids, éprouve les symptômes de l'inanition. Sur des chiens, des lapins ou des cochons d'Inde morts d'inanition, je n'ai jamais rencontré de sucre dans le tissu du foie; mais sur deux chiens adultes à l'abstinence complète, l'un depuis quinze jours, et l'autre depuis douze jours (ce dernier chien buvait de l'eau), j'ai trouvé encore très évidemment du sucre dans le foie. Chez les chiens, la production du sucre ne s'arrête guère que trois jours environ avant la mort; seulement, quand on approche de cette période de l'inanition, la quantité de sucre hépatique est excessivement faible, et pour faire la recherche du sucre dans le foie à ce moment, on devra suivre le procédé expérimental que j'ai indiqué, en ayant bien soin surtout de ne pas sacrifier les animaux par hémorrhagie, parce que , dans ce genre de mort, le sang non sucré des organes abdominaux voisins qui traverse le tissu hépatique, pour s'écouler au dehors, lave, en quelque sorte, l'organe, et lui emporte la petite quantité de sucre qu'il contenait (1); ce qui n'a pas lieu lorsqu'on sacrifie les animaux par la section du bulbe rachidien ou par strangulation.

Le temps nécessaire pour que la production du sucre dans le foie s'éteigne sous l'influence de l'abstinence est variable suivant l'âge et la taille des animaux, leur classe, leur espèce, et leur faculté de résister plus ou moins longtemps à l'inanition. Parmi les vertébrés, les oiseaux sont les animaux chez lesquels, dans des circonstances égales, la privation de nourriture éteint le plus rapidement la production du sucre dans le foie. Ainsi, au bout de trente-six ou quarante-huit heures d'abstinence, chez de petits oiseaux, tels que les moineaux, le foie est déjà complétement dépourvu de matière sucrée. Après les oiseaux, viennent les mammifères, surtout quand ils sont jeunes. J'ai expérimenté à ce point de vue sur des rats, des chiens, des chats et des chevaux. Chez les rats et les lapins, il suffit de quatre à huit jours; chez les chiens, les chats et les chevaux, douze à vingt jours pour que le sucre disparaisse complétement dans le foie. Ce laps de temps peut devenir moindre si, pendant l'abstinence, on fait prendre de l'exercice aux animaux, ou bien il peut être plus considérable si, dans les mêmes circonstances, on condamne les animaux au repos, en même temps qu'on leur fournit de l'eau à boire.

Les reptiles et les poissons se distinguent des animaux à sang chaud par une résistance beaucoup plus considérable aux effets de l'abstinence relativement à la disparition du sucre dans le foie. C'est ainsi que des crapauds, des couleuvres et des carpes, présentaient encore cinq ou six semaines après leur dernier repas, du sucre d'une manière très évidente dans le tissu du foie. Du reste, l'augmentation de la température ambiante active d'une manière évidente cette disparition du sucre hépatique en accélérant, sans doute, les phénomènes nutritifs. L'abaissement de température et l'hibernation agissent d'une manière inverse.

(1) On pourrait, dans ces cas, attribuer à l'abstinence l'absence du sucre dans le foie; c'est une erreur que j'ai commise moi-même avant d'en avoir trouvé la cause.

Cette décroissance successive dans l'intensité de la fonction gluco-génique du foie entraîne avec elle une diminution dans certaines fonc-tions, et particulièrement dans la respiration. Nous reviendrons sur cette question à propos du mécanisme de la destruction du sucre dans l'organisme.

Digestion. — Lorsque les phénomènes digestifs, et particulièrement ceux de la digestion intestinale, s'accomplissent, quelle que soit, du reste, la nature de l'alimentation, la production du sucre dans le foie est exci-tée comme toutes les sécrétions intestinales, et elle éprouve à ce mo-ment un surcroît d'activité remarquable.

Cette augmentation de la sécrétion du sucre dans le foie se fait d'une manière successive et graduée. Dès le début de l'absorption digestive, lorsque la veine porte commence à charrier une plus grande proportion de sang dans le foie, la fonction glucogénique se réveille. Peu à peu l'activité fonctionnelle s'accroît à mesure que la quantité de sang qui traverse le tissu hépatique devient elle-même plus con-sidérable, et c'est environ quatre à cinq heures après le début de la digestion intestinale que cette production de sucre dans le foie est parvenue à son *summum* d'intensité. Après ce temps, la digestion ve-nant à cesser, l'absorption intestinale se ralentit, et la formation de sucre dans le foie diminue, pour reprendre de nouveau sa suractivité au premier repas, ou pour continuer à décroître d'une manière gra-duelle, ainsi que nous l'avons déjà vu, si l'animal est laissé à l'abstinence.

Il existe donc une espèce d'oscillation physiologique dans la fonc-tion productrice du sucre qui fait que cette fonction, bien que con-tinue, éprouve une suractivité intermittente à chaque période diges-tive. Si par des expériences rapportées ailleurs nous avons montré que *la nature de l'alimentation* n'exerce pas d'influence sur la production du sucre dans le foie, nous devons reconnaître ici que la *période de la digestion* en exerce, au contraire, une très évidente (1).

Cette exubérance de matière sucrée, qui se produit ainsi dans l'organisme au moment de la digestion, amène à sa suite d'autres phé-nomènes très importants à connaître, et sur lesquels il est nécessaire d'insister ici.

(1) Cette surexcitation fonctionnelle se comprend, du reste, très bien par la plus grande activité circulatoire qui se manifeste nécessairement dans le foie.

Lorsqu'un certain nombre d'heures se sont écoulées depuis le dernier repas, et que l'animal est dans cet état qu'on appelle *à jeun*, la formation du sucre dans le foie est calmée et arrivée à ce point qu'il existe un rapport équilibré entre la *production* et la *destruction* du sucre, c'est-à-dire que la matière sucrée expulsée par les veines hépatiques dans la circulation, étant alors peu considérable, disparaît en entier aussitôt après le mélange du sang hépatique avec le sang des veines caves, dans le cœur droit et à son entrée dans les poumons. J'ai constaté, par un grand nombre d'expériences, qu'à ce moment, le sucre se rencontre dans le tissu hépatique et dans les vaisseaux qui vont du foie au poumon, mais pas au delà. Il n'y en a pas de trace dans le sang des artères, ou des veines du système général, ni dans celui de la veine porte. Lorsque la digestion commence, la quantité du sucre augmente graduellement dans le foie et dans le sang qui sort par les veines hépatiques. Toutefois, durant les deux ou trois premières heures qui suivent l'ingestion alimentaire, malgré l'accroissement de la sécrétion sucrée, tout le sucre peut encore être détruit avant d'arriver au système artériel; c'est après ce laps de temps que la suractivité de la production sucrée, dépassant les limites de la destruction, amène l'*excès momentané* de sucre dans l'organisme. La destruction devient alors insuffisante, et la quantité de sucre non détruit, transgressant la limite du poumon, passe dans les systèmes généraux artériel et veineux. Ce qui fait qu'à cette période de la digestion, on rencontre du sucre dans tous les vaisseaux du corps, et dans la veine porte elle-même, lors même qu'il n'y en a pas dans l'intestin. Cette espèce de débordement sucré se manifeste également avec les alimentations animales ou féculentes, et il dure environ trois à quatre heures. Ce n'est que six ou sept heures après le repas que l'excès du sucre dans le sang commence à disparaître, et que l'équilibre entre la production et la destruction du sucre tend à se rétablir.

Nous avons dit qu'il était important de connaître les conditions de cette oscillation physiologique de la formation du sucre dans le foie. C'est, en effet, pour ne pas les avoir connues, que Schmidt (1) a cru donner des résultats opposés aux miens, et a dit qu'il n'admettait pas la production du sucre dans le foie, parce qu'il avait trouvé du

(1) Carl Schmidt, *Characteristik des epidemischen Cholera*. Leipzig et Mittau, 1850, p. 167 en note.

sucre dans les veines superficielles du corps et dans la veine porte. On comprend maintenant pourquoi le sang qui entre dans le foie est bien complétement dépourvu de sucre, quand on a soin, comme nous l'avons dit (p. 55), de ne pas faire l'expérience au delà de deux heures et demie ou trois heures après le repas. Si l'on attendait plus tard, l'excès de sucre se serait répandu dans tout le sang, et alors on en trouverait dans la veine porte, sucre qui ne viendrait pas des intestins, mais qui aurait été simplement apporté par le sang des artères mésentériques. Tous ces exemples prouveraient, si cela était nécessaire, que, pour ne pas s'exposer à tomber dans l'erreur ou dans de fausses interprétations, il faut toujours, dans des recherches de ce genre, faire marcher de concert la chimie avec la physiologie, et qu'il faut surtout instituer les recherches chimiques d'après des études physiologiques bien faites. Nous voyons que là où la chimie seule trouverait des résultats contradictoires, la physiologie les explique en montrant la filiation des phénomènes. En effet, qu'il y ait du sucre dans les artères, dans les veines, ou qu'il n'y en ait pas, la physiologie nous apprend que c'est toujours le foie qui est son point de départ, et que c'est toujours à cet organe qu'il faut remonter pour trouver l'origine de la matière sucrée. Ces diverses circonstances seront très importantes à considérer plus tard, à propos du mécanisme de la destruction du sucre dans l'organisme animal.

Lorsque la matière sucrée se répand et déborde pour ainsi dire dans le sang après chaque digestion, c'est là un phénomène régulier, quand il est modéré, et dont l'exagération amène le diabète sucré. Mais dans l'état physiologique, cette matière sucrée répandue sans excès dans le système circulatoire y est retenue et ne va pas ordinairement jusqu'à passer d'une manière sensible dans l'urine, ni dans d'autres sécrétions.

Cependant il y a un liquide de l'économie dans lequel le sucre passe toujours, lors même qu'il arrive dans la circulation générale en très petite quantité. Ce liquide est le fluide céphalo-rachidien. J'ai trouvé du sucre d'une manière constante, soit à jeun, soit en digestion, chez les chiens, les chats et les lapins examinés dans les circonstances ordinaires de santé; cela tient à ce que, pendant l'intervalle d'un repas à l'autre, le sucre n'a pas le temps de se détruire dans le liquide céphalo-rachidien, avant qu'il en soit apporté une nouvelle quantité par la digestion suivante. Il paraîtra sans doute singulier et intéressant de voir les centres nerveux baignés dans un liquide qui reste constamment sucré. Ce fait s'accorde avec une remarque déjà faite par M. Magendie (1), que le fluide céphalo-rachidien est un des liquides dans lesquels passent le plus facilement les substances introduites dans le sang. Le sucre est donc en quelque sorte normal dans le liquide céphalo-rachidien. Cependant il ne faudrait pas en conclure que le sucre est une de ses parties constituantes. En effet, si l'on soumet l'animal à l'abstinence, de façon à empêcher pendant quelque temps ce débordement du sucre qui apporte cette substance depuis le foie jusque dans le liquide céphalo-rachidien au moyen du système circulatoire, on voit qu'après quelques jours il n'y a plus de sucre dans le fluide céphalo-rachidien, parce que celui qui y était s'est détruit et qu'il n'en est pas revenu. Ainsi donc, quel que soit le point de l'économie dans lequel on constate le sucre, il a toujours son origine dans le foie, le seul organe du corps qui ait la propriété d'en fabriquer.

§ II. La formation du sucre dans le foie a lieu par un mécanisme analogue à celui des sécrétions et aux dépens de certains éléments du sang qui traverse le tissu hépatique.

Les questions que nous avons à traiter dans ce paragraphe, comme toutes celles qui se rattachent au mécanisme des sécrétions, sont entourées de difficultés physiologiques et chimiques presque insurmontables dans l'état actuel de la science. Pour le cas particulier, les difficultés sont encore augmentées par la complication de la structure de l'organe hépatique, qui produit une double sécrétion, le sucre et la bile, deux substances dont la constitution est également complexe. Enfin, l'influence immédiate et très considérable du système nerveux sur les actes chimiqués qui se passent dans le foie, attache un intérêt très grand à ces ordres de phénomènes, mais nous en rend la nature encore plus impénétrable.

Le foie est un organe glandulaire considérable qui, chez tous les vertébrés, est situé comme une sorte de barrière entre le système abdominal digestif et le système circulatoire général. La veine porte charrie dans cet organe une quantité considérable de sang qui, à chaque période digestive, y arrive chargé des matériaux nutritifs élaborés et rendus solubles par la digestion. C'est alors, sous l'influence du tissu hépatique,

(1) Magendie, *Recherches physiologiques et cliniques sur le liquide céphalo-rachidien ou cérébro-spinal.* Paris, 1842.

et du système nerveux qui l'anime, que les éléments de ce sang éprou-
vent des métamorphoses en vertu desquelles ils servent, d'une part, à la
production du sucre qui est emporté par les veines hépatiques, et
d'autre part, à la formation de la bile qui est excrétée par les voies biliaires (1).

Les parties anatomiques constituantes du foie sont, chez l'homme
et les animaux vertébrés, des *cellules* groupées les unes à côté des autres, de manière à constituer par leur masse un *lobule* parfaitement
visible chez certains animaux, tels que le cochon, et moins évidents chez d'autres et chez l'homme en particulier. Dans le centre de
cette agglomération de cellules ou de ce *lobule*, prend naissance la *veine
hépatique*, et, à sa périphérie, se distribuent les ramifications de la
veine porte ainsi que les *conduits hépatiques;* ces derniers, par une
disposition exceptionnelle aux autres glandes, se terminent librement
à la périphérie des lobules, sans qu'on puisse établir exactement le
genre de rapport qui existe entre eux et les cellules hépatiques.

Avant de connaître la formation du sucre dans le foie, les auteurs
avaient cherché à mettre en harmonie la structure anatomique avec la
sécrétion et l'excrétion de la bile. Kœlliker (2) admet que la bile est
d'abord sécrétée dans le centre du lobule qui contient le plus de sang,
et qu'elle est ensuite amenée à sa périphérie, vers l'embouchure des
conduits biliaires, en passant successivement de cellules en cellules, par une sorte d'endosmose indispensable à cause de l'occlusion
des cellules hépatiques et de l'absence de conduits dans leur intérieur.
Le grand nombre de ces cellules, que la bile serait obligée de traver-
ser avant d'arriver à ses conduits excréteurs, donnerait la raison,
d'après Kœlliker, de la grande complexité de la sécrétion biliaire,
parce que le sang subirait dans ce trajet une influence métabolique
beaucoup plus prolongée que dans les glandes ordinaires, où il existe
une simple couche de cellules. Cette hypothèse exprime le fait anatomique, à savoir que les conduits excréteurs de la bile sont situés à l'ex-
térieur des lobules hépatiques. Mais si l'on voulait faire une hypothèse analogue relativement à la formation du sucre, il faudrait faire

(1) Le sang de l'artère hépatique qui accompagne les vaisseaux biliaires et la
veine porte, donne spécialement des matériaux de nutrition à ces organes.

(2) A. Kœlliker, *Mikroskopische Anatomie oder Geweblehre des Menschen.* Leipzig, 1852, t. II, p. 221.

marcher ce produit d'une manière inverse à la bile, c'est-à-dire de la périphérie vers le centre du lobule hépatique, pour pouvoir aussi rester d'accord avec le fait anatomique qui montre le conduit excréteur de la matière sucrée, la veine hépatique, placée au centre du lobule. Il resterait ensuite à déterminer comment les nerfs interviennent pour faire marcher ces deux sécrétions en sens inverse, et sur cela nous n'avons aucunes données, même anatomiquement.

Mais, avant tout, il y aurait à résoudre la question de savoir si la bile et le sucre sont formés par une même fonction et s'ils représentent les produits d'un dédoublement parallèle opéré dans les éléments du sang, ou si, au contraire, la production de la bile et celle du sucre s'opèrent sur des éléments chimiques différents, et par des métamorphoses séparées, de manière à constituer en réalité deux fonctions à éléments anatomiques distincts, quoique contenus dans le même organe? Cette question, qui est des plus ardues, ne sera résolue que lorsqu'on aura pu démontrer anatomiquement, qu'il y a dans le foie deux espèces de cellules à usages séparés, et que chimiquement, certains principes immédiats du sang forment spécialement le sucre, tandis que d'autres donnent exclusivement naissance à la bile. D'après ce que j'ai vu depuis que je m'occupe de ce sujet difficile, je crois qu'il y a plus de raison pour penser que le sucre et la bile résultent de deux fonctions distinctes, que pour admettre l'opinion opposée. Je vais rapporter, seulement comme un premier essai, les expériences que j'ai faites relativement à la production du sucre, tout en reconnaissant qu'elles sont bien insuffisantes pour juger définitivement un problème aussi compliqué.

Quels sont les éléments du sang qui donnent naissance à la formation du sucre dans le foie?

Nous avons dit ailleurs, qu'après la soustraction des aliments la production du sucre dans le foie continue encore à avoir lieu uniquement aux dépens des matériaux du sang; plus tard, cette sécrétion sucrée décroît, et s'éteint graduellement à mesure que par l'effet de l'abstinence le liquide sanguin s'use et diminue de quantité. Toutefois ce résultat ne tient pas seulement à la diminution de la masse du sang, mais aussi à son appauvrissement; car je me suis assuré qu'en faisant absorber chaque jour une assez grande quantité d'eau aux animaux pour favoriser la circulation du sang en augmentant la masse du liquide, la production du sucre n'en allait pas moins en diminuant progressivement et en s'éteignant.

Alors j'ai pensé que si, au lieu de donner de l'eau pure aux animaux, j'y ajoutais une certaine quantité d'un principe alimentaire *azoté* ou *non azoté*, ce serait le moyen de restaurer partiellement le sang et de savoir si cet aliment sert ou non à la production du sucre. En un mot, toutes les conditions d'appauvrissement du sang restaient les mêmes, moins la substance surajoutée à l'eau; et il me semblait légitime, s'il y avait plus de sucre dans ce cas, de l'attribuer au principe alimentaire en dissolution dans l'eau.

D'après cette idée, je choisis quatre chiens qui furent soumis aux expériences suivantes.

PREMIÈRE SÉRIE D'EXPÉRIENCES. 1° *Chien au régime de l'eau seule.* — Un chien adulte, de petite taille, pesant 4379 grammes, fut d'abord soumis à l'abstinence absolue pendant quatre jours, puis, les six jours suivants, on lui injecta chaque jour dans l'estomac, à l'aide d'une sonde œsophagienne, 370 grammes d'eau ordinaire légèrement tiède. Après ce temps, ce qui faisait en tout dix jours de privation d'aliments, l'animal fut sacrifié par strangulation, une heure après la dernière injection d'eau dans l'estomac.

Je constatai à l'autopsie, faite avec beaucoup de soins, qu'il existait encore du sucre dans le tissu du foie, mais en faible quantité. Le dosage donna 0,13 pour 100 du tissu du foie. La décoction du foie était légèrement jaunâtre et limpide.

2° *Chien au régime de l'eau gélatineuse.* — Un chien adulte et de petite taille, pesant 4910 grammes, fut d'abord soumis à une abstinence absolue pendant quatre jours, afin de laisser les intestins se débarrasser des anciens aliments. (Depuis huit jours le chien ne mangeait que de la viande.) Pendant les six jours qui suivirent, on ingéra chaque jour dans l'estomac 370 grammes d'eau ordinaire tiède contenant 20 grammes de gélatine en dissolution. Une heure après son dernier repas liquide, on sacrifia l'animal par strangulation. Cela faisait six jours de régime, comme dans l'expérience précédente; seulement, au lieu d'eau pure, l'animal avait reçu de l'eau gélatineuse. La gélatine employée était de la gélatine ordinaire du commerce, dite *gélatine alimentaire.*

A l'autopsie, faite avec beaucoup de précautions, j'ai constaté que la décoction du foie, jaunâtre et très légèrement louche, renfermait beaucoup de sucre. Le dosage en donna 1 gr. 33 p. 100 du tissu du foie.

3°. *Chien au régime de l'eau amidonnée.* — Un chien adulte et de petite taille, pesant 4865 grammes, fut d'abord, comme les deux animaux précédents, soumis à une abstinence complète de quatre jours ; puis, pendant les six jours qui suivirent, on ingéra chaque jour 270 grammes d'eau ordinaire, légèrement tiède, contenant en suspension 20 grammes de fécule incomplétement hydratée. On sacrifia l'animal, par strangulation, une heure après la dernière injection de fécule.

A l'autopsie, très soigneusement faite, je trouvai beaucoup de sucre dans le tissu hépatique. Le dosage en donna 1 gr. 25 p. 100 du tissu du foie. Chez ce chien, la décoction hépatique était opaline et blanchâtre comme du lait, ce qui dépendait d'une substance émulsive particulière, dont il a déjà été question, et qui se produit dans le foie sous l'influence de l'amidon.

4° *Chien au régime de l'eau graisseuse.* — Un chien robuste, de taille moyenne, pesant 13,640 grammes, fut laissé à l'abstinence absolue pendant huit jours ; puis, pendant les six jours qui suivirent, on lui injectait chaque jour dans l'estomac 90 centimètres cubes de graisse de porc (saindoux) fondue et tiède, et aussitôt après on ingérait sans retirer la sonde œsophagienne 180 grammes d'eau ordinaire. Après six jours de régime l'animal fut comme les autres sacrifié par strangulation.

L'autopsie, exactement faite, permit de constater la présence du sucre dans le tissu hépatique, mais en beaucoup plus faible proportion que dans les expériences précédentes. Le dosage donna 0 gr. 57 de sucre p. 100 du tissu du foie.

Le résultat de cette dernière expérience avec la graisse, comparé à celui obtenu avec la gélatine relativement à la production du sucre du foie, me parut si singulier que je voulus reproduire ces expériences sur d'autres animaux, en modifiant un peu le mode d'administration des substances, de façon à avoir des conditions nouvelles et peut-être un peu plus normales.

DEUXIÈME SÉRIE D'EXPÉRIENCES. 1° *Chien à l'abstinence complète.* — Un chien de taille moyenne, soumis à une abstinence absolue pendant trois jours, fut sacrifié par la section du bulbe rachidien. Son foie contenait o gr. 95 de sucre pour 100 parties de son tissu ; la décoction hépatique était légèrement jaunâtre et limpide.

2° *Chienne nourrie avec des substances gélatineuses.* — Une chienne, de taille moyenne, fut nourrie pendant trois jours exclusivement avec des matières gélatineuses, consistant en pieds de mouton dont on avait enlevé les os, et qu'on avait fait bouillir avec de l'eau pour en séparer la plus grande partie de la graisse qui venait à la surface du liquide refroidi. Chaque jour l'animal mangeait quatre pieds de mouton avec la gelée qui les entourait. Après trois jours de ce régime, et trois heures après son dernier repas, l'animal fut sacrifié par la section du bulbe rachidien. Je constatai que le tissu de son foie renfermait 1 gr. 65 p. 100 de sucre. La décoction hépatique était jaunâtre et très légèrement opaline.

3° *Chien nourri avec des substances féculentes.* — Un chien, de taille moyenne, reçut tous les jours, pendant trois jours, une pâtée composée de pommes de terre broyées avec de l'amidon, du sucre et un peu d'eau. Le chien n'aimait pas beaucoup ce mélange. Cependant les deux derniers jours il le mangea bien. Le troisième jour de ce régime alimentaire, et trois heures après son dernier repas, l'animal fut sacrifié par la section du bulbe rachidien. A l'autopsie, je constatai que le foie était très sucré ; il renfermait 1 gr. 88 p. 100 de tissu hépatique. La décoction du foie était très opaline et laiteuse comme dans la troisième expérience de la première série.

4° *Chien nourri avec des substances grasses.* — Un chien, de taille moyenne, fut nourri pendant trois jours avec du lard cru complètement privé de parties musculaires. Chaque jour l'animal mangea bien, et même avec appétit, 125 grammes de lard coupé en morceaux. Le troisième jour le chien fut sacrifié par la section du bulbe rachidien, trois heures après son dernier repas. Son foie, qui donnait une décoction jaunâtre et limpide, contenait o gr., 88 de sucre p. 100 de son tissu.

Ces quatre dernières expériences ont, comme on le voit, fourni des résultats qui s'accordent très bien avec ceux des quatre premières. Cette concordance sera encore plus facilement saisie dans le tableau comparatif suivant :

Sucre, pour 100, dans le foie chez es chiens,

	A l'abstinence	à la graisse	à la gélatine	à la fécule.
1ʳᵉ série d'expériences. . .	0 gr.,13	0 gr.,57	1 gr.,35	1 gr.,50
2ᵉ série d'expériences. . .	0 ,95	0 ,88	1 ,65	1 ,88

J'avoue que j'ai été très surpris de l'espèce d'influence que ces diverses alimentations ont exercée sur la production du sucre dans le foie. Cependant ces résultats sont positifs, et je ne trouve rien à reprocher aux expériences. Les animaux étaient placés dans des conditions expérimentales analogues, sauf le principe alimentaire sur-ajouté qui seul différait. Dans la première série d'expériences, l'abstinence et l'alimentation exclusive ont été poursuivies assez longtemps ; cependant aucun des animaux en expérience n'était encore languissant ni malade ; seulement, le chien à la graisse de la quatrième expérience a rendu, pendant les derniers jours, quelques excréments avec des stries sanguinolentes et à l'autopsie il y avait un peu de rougeur de la membrane muqueuse intestinale ; mais les vaisseaux chylifères étaient parfaitement pleins et très bien injectés par de la matière grasse émulsionnée. Quant aux chiens de la deuxième série d'expériences, ils étaient vigoureux, vifs, et avec toute l'apparence de la santé au moment où ils furent sacrifiés.

Les conclusions qu'il y aurait à déduire de ces premières expériences, à l'égard de la formation du sucre, sont très intéressantes ; et elles différeraient, comme on le voit, pour la *graisse*, la *gélatine* et la *fécule*.

1° *Animaux à l'abstinence.* —Nous nous sommes expliqué ailleurs relativement aux effets de l'abstinence, sur la production du sucre dans le foie. Ces animaux n'ont été introduits dans ces expériences que pour donner un point de comparaison et servir à isoler en quelque sorte le phénomène sur lequel devait porter l'expérimentation. En effet parmi nos quatre chiens de la première série, par exemple, le premier recevait de l'eau pure ; le second, de l'eau + graisse ; le troisième, de l'eau + gélatine ; le quatrième, de l'eau + fécule. Pour apprécier le rôle appartenant à chaque substance alimentaire, nous n'avons qu'à soustraire par la pensée, de chacun des trois derniers chiens, le chien à l'eau pure, et la différence qui nous restera sera nécessairement due à la substance surajoutée à l'eau.

2° *Graisse.* — Cette substance a été émulsionnée dans l'intestin, et absorbée, comme cela était visible à l'autopsie des animaux. Cepen-

dant on peut conclure que ce qui a été absorbé de cette substance n'a
servi à rien pour la production du sucre dans le foie ; car nous constatons
que, sous le rapport de la quantité du sucré qu'il contient, le foie des
animaux à la graisse est tout à fait comparable à celui des animaux à
l'abstinence.

La graisse ne servirait donc pas à faire le sucre dans le foie; mais
servirait-elle à faire autre chose? Bidder et Schmidt (1) ont remarqué
que chez les animaux (chats) la sécrétion de la bile diminuait aussi par
l'alimentation graisseuse. Cependant Schmidt a (2) émis sur cette formation de la bile aux dépens de la graisse une hypothèse qui s'accor-
derait avec les analyses de sang faites par Lehmann (3), qui démontrent qu'une certaine quantité de graisse se détruit dans le foie. En effet,
le sang de la veine porte contient plus d'élaïne que le sang des veines
hépatiques. Si, d'après cela, on admet que la graisse, disparue dans le
foie sert à la formation de la bile, cette dernière devrait se produire
indépendamment de sucre, d'où il faudrait conclure que la bile et le
sucre sont des produits fabriqués avec des matériaux différents et par
des phénomènes de dédoublement, indépendants et distincts. Cette
formation de la bile par la graisse serait encore appuyée par cette observation physiologique que les animaux gras font beaucoup moins de
bile que ceux qui maigrissent. Mais cependant, comme la bile renferme de l'azote dans ses parties constituantes, il serait impossible de
ne pas faire intervenir, dans une certaine proportion, les principes
azotés dans la formation de cette sécrétion.

3° *Gélatine.* — J'ai choisi la gélatine pour mes expériences, comme
étant un des aliments azotés les plus faciles à se procurer à peu près
purs. Son action sur la production du sucre dans le foie est des plus
remarquables. Sous son influence, le sucre s'est maintenu dans sa proportion à peu près normale, malgré une abstinence de dix jours dans
un cas. Les chiffres 1 gr.,33 et 1 gr.,65 p. 100, sont, en effet, des
nombres normaux pour le chien, si on les compare à ceux consignés dans
le tableau récapitulatif à la fin du chapitre premier. La singularité de
ce résultat a dû me faire redoubler de précautions pour bien l'observer.

(1) Bidder et Schmidt, *Verdaungssæfte und Stoffwechsel*, 1851, p. 125.
(2) C. Schmidt, *Charact. des Cholera, loc. cit.*, et Verdaungssæfte, p. 237.
(3) C.-G. Lehmann, *loc. cit.*

Aussi, dans les deux cas j'ai retiré du tissu du foie, par la fermentation avec la levûre de bière, de l'acide carbonique et de l'alcool, que j'ai reconnus à tous leurs caractères. Si de nouvelles expériences vérifiaient pour les autres matières azotées, telles que la fibrine ou l'albumine, la même action sur la production du sucre, il faudrait admettre que les substances alimentaires azotées donnent les éléments qui servent à la formation du sucre dans le foie. L'analyse chimique appuie ces résultats des expériences physiologiques; Lehmann a constaté que (*loc. cit.*) le sang de la veine porte, en traversant le foie, perd une certaine proportion de ses principes azotés et que la fibrine y diminue considérablement.

4° *Fécule.* — Toute la fécule donnée aux chiens n'a pas été digérée et absorbée ; j'en ai retrouvé de très grandes quantités qui passaient dans les excréments à l'état de fécule. Cependant une certaine proportion a été changée en sucre (glucose) dans l'intestin et absorbé à l'état de sucre. Je m'en suis assuré en constatant la présence du sucre dans l'intestin et dans le sang de la veine porte convenablement extrait au moment de l'autopsie. Il n'y a rien de surprenant qu'avec un pareil aliment le sucre se soit maintenu dans le foie. Il est seulement remarquable qu'on n'en ait pas eu une plus grande proportion. Les chiffres 1 gr.,25 et 1 gr.,88 pour 100 ne diffèrent pas en réalité de ceux indiqués pour la gélatine et de ceux que nous avons trouvés ailleurs pour des alimentations mixtes.

Nous avons encore eu là cette matière hépatique blanchâtre lactescente, dont nous avons déjà parlé et qui semble caractériser l'alimentation féculente et sucrée. Il paraît bien certain que cette substance est le résultat d'une métamorphose spéciale du sucre en excès qui arrive au foie. Son aspect émulsif et quelques autres caractères font penser à une matière protéique unie à une matière grasse. Cette dernière hypothèse du changement du sucre en graisse trouverait une analogie dans ce que nous ont appris les expériences de MM. Liebig et Grundlach (1), et celles de MM. Dumas et Milne Edwards (2), sur la production de la cire chez les abeilles, aux dépens du sucre.

(1) Justus Liebig, *Chimie organique appliquée à la physiologie végétale et à l'agriculture.* Traduit par M. Ch. Gerhardt. Paris, 1841, p. 315.

(2) Dumas et Milne Edwards, *Note sur la production de la sève des abeilles.* (*Comptes rendus de l'Académie des sciences*, t. XXII, p. 531.)

D'après tout ce qui a été dit, on doit se figurer le foie comme un véritable laboratoire chimique dans lequel les éléments du sucre, ceux de la bile, du sang et des aliments, se combinent, se groupent et se dissocient de mille manières, pour les besoins de la nutrition. Mais, en supposant qu'on connût tous les secrets de ces mutations et métamorphoses chimiques, comment comprendre, dans ces actes si divers le rôle des capillaires et des cellules hépatiques (1), et surtout celui de l'influence si indispensable du système nerveux ? Nous pouvons répéter, en finissant ce paragraphe, ce que nous disions au commencement : Toutes ces questions sont encore entourées de la plus grande obscurité. En rapportant ces premiers résultats d'expériences, j'ai voulu attirer sur ce sujet l'attention des anatomistes, des physiologistes et des chimistes, car il n'est pas trop des lumières de tous pour des problèmes aussi vastes et aussi complexes.

§ III. De la production du sucre dans le foie chez les animaux vertébrés suivant l'âge, le sexe, etc.

Age. — J'ai trouvé que le foie commence à produire du sucre chez l'homme et les animaux, déjà pendant la vie intra-utérine. Et ensuite cette fonction continue jusqu'à la mort sans s'interrompre, si ce n'est accidentellement et pendant des espaces de temps très courts. Il est difficile de dire précisément à quel âge le foie du fœtus commence à former du sucre. Cependant, d'après les observations que j'ai pu faire jusqu'ici, il m'a semblé que cette fonction glucogénique commençait pour l'homme vers le cinquième ou sixième mois de la vie intra-utérine. Pour les animaux, cela varie nécessairement suivant la durée du temps de la gestation. A son début, la production du sucre dans le foie est faible et peu considérable, puis elle va peu à peu en augmentant jusqu'à la naissance : c'est ce que paraissent montrer les chiffres suivants, si on les compare avec ceux obtenus chez les animaux adultes de même espèce.

(1) En examinant au microscope les divers aspects des cellules pendant des états différents d'alimentation, d'abstinence ou de digestion, il ne m'a pas encore été possible jusqu'ici de saisir rien qui éclairât le mécanisme de la formation du sucre dans le foie.

Age (de la vie intra-utérine.)	Quantité de sucre dans le foie.
Fœtus humain.. . . . 6 1/2 mois	0 gr.,77 pour 100
Fœtus-veau. . . . . 7 à 8 mois	0 ,80
Fœtus-chat.. . . . . à terme .	1 ,27

Je n'ai pas fait d'observation pour savoir si la fonction glucogénique subit des changements chez les vieillards. Cette question de l'influence de l'âge, pour être traitée, devrait nécessairement reposer sur un très grand nombre de faits.

Sexe. — Les expériences que j'ai rapportées sur les animaux de tout sexe, quoique très nombreuses, ne peuvent pas servir pour établir s'il y a, ou non, une différence dans la quantité de sucre produit chez les mâles ou les femelles, parce qu'elles n'ont pas été faites à ce point de vue. Je veux seulement rappeler ici que chez les femelles, l'état de *gestation* et de *lactation* ne semble pas modifier sensiblement la formation du sucre dans le foie. Sur des vaches et des lapines à l'état de lactation et qui sécrétaient par conséquent du sucre de lait, j'ai bien souvent cherché, mais en vain, la présence du lactose dans le foie. D'où il faudrait admettre que ce sucre se forme dans la mamelle ; il diffère, du reste, considérablement du sucre du foie par sa difficulté à éprouver la fermentation alcoolique au contact de la levûre de bière.

L'époque du rut ne paraît pas non plus exercer une influence évidente sur la production du sucre dans le foie chez les animaux mâles ou femelles.

Classe et espèce animale. — Il serait intéressant sans doute de suivre les différences que peut présenter la formation du sucre dans le foie chez les différentes classes ou ordres d'animaux vertébrés. Pour le moment j'indiquerai seulement ici un rapport général que j'avais déjà signalé dans mon premier mémoire, en 1848 (1), à savoir que dans l'état physiologique, la *formation* du sucre augmente avec un accroissement correspondant dans la fonction respiratoire. De sorte que d'une manière générale on peut dire que les animaux qui respirent le plus activement sont ceux qui forment le plus de sucre dans le foie. Dans l'abstinence et l'hibernation où nous avons vu cette

(1) *De l'origine du sucre dans l'économie animale (loc. cit.).*

fonction diminuer, la respiration est également ralentie quant à son nombre et à son intensité. En consultant notre table récapitulative à la fin du chapitre premier, il semble qu'il y a quelques espèces d'animaux, tels que les chats, les chevaux, qui présentent assez régulièrement un chiffre plus élevé dans la quantité du sucre du foie. L'évaluation ainsi faite serait insuffisante, parce qu'il ne faut pas seulement comparer les foies les uns aux autres, mais il faut ramener la quantité de sucre qui y est contenue au poids total du corps. On comprend, en effet, qu'un animal pourvu d'un foie peu volumineux pourrait avoir un chiffre très élevé pour le sucre dans le foie, et cependant un chiffre très bas pour le sucre ramené au poids du corps. Dans un autre travail, plus tard, à propos de la destruction et des usages du sucre dans l'organisme, nous reviendrons sur toutes ces questions.

État de santé ou de maladie. — La quantité de sucre produit dans le foie est d'autant plus considérable que la santé est plus parfaite. Je ne veux pas examiner ici l'influence spéciale de certaines maladies sur la formation du sucre dans le foie, je désire seulement indiquer que cette fonction, qui débute avant la naissance et qui, à l'état physiologique, se continue d'une manière non interrompue jusqu'à la mort, peut cependant être arrêtée temporairement quand il survient un état maladif. Les productions morbides développées dans le foie n'arrêtent pas la formation du sucre, parce que les parties non altérées du tissu hépatique continuent à fonctionner. J'ai bien souvent examiné des foies de lapin ou de mouton qui étaient comme criblés par des douves ou des distomes, et cependant il y avait encore beaucoup de matière sucrée. J'ai rapporté (p. 39) une analyse faite sur un foie de veau rempli d'hydatides, qui cependant était bien sucré. Chez un surmulot qui avait la moitié du foie et la partie correspondante du diaphragme envahies par une tumeur cancéreuse, j'ai trouvé beaucoup de sucre dans la portion du foie restée saine. La fonction du foie est particulièrement arrêtée par les maladies dites *inflammatoires*, ou dans des lésions traumatiques qui, produisant de la fièvre et retentissant plus ou moins sur l'organisme, amènent une suspension des phénomènes digestifs. C'est ainsi qu'un chien auquel on aura fait une grave opération sur le ventre, la poitrine ou sur la cavité cérébro-spinale, ou chez lequel on aura injecté quelque substance putride dans les veines, etc., deviendra triste, malade, ne mangera plus ou peu, et alors le sucre aura disparu de son foie. On ne pourrait pas attribuer cette absence du sucre dans le foie à la cessation de l'alimentation ; en effet, dès le lendemain de la maladie, la matière sucrée manque, tandis que dans l'abstinence simple, cette disparition n'a lieu qu'après douze à quinze jours. La maladie a donc arrêté la formation du sucre, et après que la quantité qui existait dans le foie s'est trouvée détruite, il ne s'en est plus reproduit. Cet arrêt de la fonction sucrée dans le foie peut du reste arriver de bien des manières ; j'en donnerai le mécanisme ailleurs, en traitant de la *paralysie du foie*. Il faut donc être prévenu que si l'on prend le foie d'animaux languissants, malades ou morts de maladie, on n'y trouvera que très peu ou pas de sucre, à moins que la mort ne soit venue en très peu d'heures, sans agonie, et que toute la quantité de sucre hépatique n'ait pas eu le temps de se détruire. Il serait intéressant de savoir si la suspension de la fonction glucogénique du foie peut être longtemps compatible avec la vie. D'après les expériences que j'ai faites à ce sujet sur des chiens, il ne me paraît pas que cette suppression, si elle est bien complète, puisse durer au delà de quelques jours sans amener la mort.

CHAPITRE QUATRIÈME.

DE LA PRODUCTION DU SUCRE DANS LE FOIE CHEZ LES ANIMAUX INVERTÉBRÉS.

Les différences profondes qui se rencontrent dans l'organisation des animaux invertébrés, quand on la compare à celle des animaux vertébrés, apportent de grandes difficultés dans la recherche de la fonction productrice du sucre dans le foie. En effet, s'il existe des animaux invertébrés chez lesquels le foie est très distinct et même très développé, comme chez les mollusques, par exemple, il en est d'autres chez lesquels l'organe hépatique n'est pas encore fixé, et sur la détermination duquel les anatomistes et les zoologistes du plus grand mérite sont encore en dissidence.

Toutes ces questions réclament sans doute encore de longues années d'étude pour être résolues. Je rapporterai seulement ici les expériences que j'ai faites, afin de montrer que la présence du sucre (glucose) caractérise le foie des animaux invertébrés, comme celui des animaux vertébrés, et afin d'indiquer quelques particularités remarquables que j'ai observées chez les mollusques gastéropodes, relativement à la sécrétion de la *bile* et du *sucre*. Ces faits, que j'ai l'intention de poursuivre, pourraient peut-être devenir le point de départ de recherches de physiologie comparée intéressantes, si elles aidaient à mieux comprendre les diverses fonctions du foie dans les organismes supérieurs.

§ I. Mollusques.

M. gastéropodes. — *G. pulmonés.* — Sur dix limaces grises (*Limax flava*) prises dans les regards d'aqueduc du Collége de France, dans le mois de juillet et pendant la période digestive (1), on a séparé le foie de l'intestin pour y rechercher la présence du sucre. Les dix foies réunis pesaient 5 grammes. Ils furent broyés et cuits avec un peu d'eau, ce qui donna une décoction légèrement opaline qui réduisait abondamment le liquide cupro-potassique à la manière des liquides sucrés. On fit ensuite bouillir avec de l'eau les autres organes des limaces, tels que la glande spermagène, la glande albumineuse, etc., et aucune de ces décoctions ne réduisit le liquide cupro-potassique (2).

Dans l'estomac de la plupart de ces limaces grises, il existait un liquide légèrement acide tantôt peu coloré, tantôt incolore, dans lequel nageaient des fragments d'aliments que l'examen microscopique fit reconnaître pour être des débris de cloportes dont ces animaux se nourrissent. Ce liquide stomacal était évidemment sucré; il réduisait très abondamment le réactif cupro-potassique, et il fermentait rapidement au contact de la levûre de bière en donnant de l'acide carbonique. Dans une partie de ce liquide stomacal conservé pendant quelques jours, la

(1) Chez les animaux invertébrés, comme chez les animaux vertébrés, le sucre disparaît dans le foie par une abstinence prolongée et par l'état maladif.

(2) J'ai également constaté la présence du sucre dans le foie de l'escargot (*Helix pomatia*), de la limace jaune (*Limax rufus*).

Chez neuf grosses limaces jaunes prises en digestion au mois de juillet, on sépara le foie de l'intestin. Les neuf foies réunis pesaient 12 grammes. Ils furent broyés et cuits avec un peu d'eau, et cette décoction donnait tous les caractères d'un liquide sucré. Par le dosage, on obtint 0 gr.,66 de sucre pour 100 du tissu du foie. Les autres tissus de ces limaces ne renfermaient pas de sucre. Leur estomac contenait un liquide mêlé de substances végétales qui donnait la réaction du sucre.

fermentation s'y établit spontanément, et il s'y développa des globules de ferment parfaitement reconnaissables au microscope. Chez un grand nombre d'autres limaces de la même espèce, des expériences semblables furent répétées avec les mêmes résultats, c'est-à-dire que chez beaucoup d'entre elles, on trouvait un liquide toujours sucré dans l'estomac et en quantité quelquefois très abondante.

Il était intéressant de rechercher d'où pouvait provenir ce sucre chez des limaces qui se nourrissaient exclusivement avec des matières animales, ainsi que le prouvait l'examen du contenu de leur estomac et de leur intestin. Ce n'est qu'après de longues recherches poursuivies sur des limaces à toutes les périodes de la digestion, que j'ai pu me convaincre que le sucre contenu dans l'estomac ne provenait pas des aliments, mais était le résultat de la sécrétion sucrée du foie, qui se déversait dans le canal intestinal, contrairement à ce qui a lieu chez les animaux vertébrés.

Il serait trop long de donner chaque expérience en particulier. J'en signalerai seulement les résultats en indiquant l'ordre de succession des phénomènes digestifs chez les limaces, tels que je les comprends d'après mes observations, dans leur rapport avec le déversement de ce liquide sucré dans l'estomac.

Quand on examine l'estomac et les intestins des limaces grises qui sont à jeun depuis longtemps, on y constate la présence d'une certaine quantité de bile très brune ne renfermant aucune trace de matière sucrée. Si alors ces animaux viennent à introduire dans leur estomac des substances alimentaires, il se fait une sécrétion de suc gastrique acide qui se mélange avec les aliments, dans lesquels on ne constate pas encore les réactions caractéristiques du sucre. Ce n'est qu'au moment où la digestion intestinale s'effectue, et lorsque les aliments sont à peu près complétement descendus de l'estomac dans l'intestin, qu'un liquide sucré incolore arrive dans la cavité stomacale par le conduit cholédoque inséré, près du pylore, vers l'extrémité inférieure de l'estomac. A mesure que l'absorption intestinale devient plus active et plus complète, la sécrétion de ce liquide sucré dans le foie devient plus abondante, de telle sorte que bientôt l'estomac se trouve rempli et distendu. La sécrétion du fluide sucré et son déversement dans l'estomac succèdent, comme on le voit, à la digestion stomacale proprement dite, et coïncident avec la période de l'absorption intestinale. Ce liquide remplit alors le conduit cholédoque, qui communique largement avec l'estomac, et il se trouve refoulé par la distension de l'estomac jusque dans le foie lui-même, qui subit alors une sorte de dilatation générale très remarquable et très visible.

Bientôt la plénitude de l'estomac, du canal cholédoque et du foie diminue, par suite de l'absorption de ce liquide. Cette absorption paraît se faire spécialement dans l'estomac, où la sécrétion sucrée s'accumule sans qu'il semble en passer des quantités notables dans l'intestin.

Lorsque l'absorption de ce liquide sucré incolore est à peu près terminée, on voit apparaître une autre sécrétion provenant également du foie, mais offrant des propriétés et des caractères différents tout à fait analogues à ceux du fluide biliaire. En effet, au moment de cette deuxième sécrétion, le liquide qui coule par le conduit cholédoque devient graduellement de moins en moins sucré et de plus en plus coloré, au point de n'être plus, vers la fin de la digestion, qu'un liquide biliaire pur, dépourvu de sucre et ressemblant à celui que nous avons signalé dans le canal intestinal des limaces à jeun. Alors la turgescence du foie a disparu, et son volume diminué. Cette bile noire, sécrétée en dernier lieu, ne paraît pas être absorbée sensiblement ; elle séjourne dans l'intestin et on l'y retrouve encore plus ou moins épaissie et avec sa couleur brune à l'époque de la digestion suivante, qui donne lieu de nouveau à la série des phénomènes singuliers que nous venons d'indiquer sommairement.

De tout ce qui a été dit précédemment, il résulte :

1° Que chez les limaces, la matière sucrée sécrétée par le foie est ramenée dans l'estomac par le conduit cholédoque, au lieu d'être directement versée dans le sang, comme cela a lieu chez les animaux vertébrés ;

2° Que chez les limaces, les deux sécrétions hépatiques, celle du *sucre* et celle de la *bile*, restent distinctes ; leur déversement dans l'estomac est successif et se fait pour ainsi dire sans mélange (1) ;

(1) Je pense que c'est en cherchant dans la structure anatomique du foie, comparée chez ces mollusques et chez les animaux vertébrés, l'explication des différences fonctionnelles que nous signalons, qu'on pourra parvenir plus tard à comprendre le rôle de chacun des éléments anatomiques du foie, dans la formation de la bile et dans celle du sucre.

3° Que chez les limaces la bile qui sert à la digestion actuelle a toujours été sécrétée à la fin de la période digestive qui a précédé.

M. acéphales lamellibranches. — Parmi ces animaux, j'ai expérimenté sur la moule, l'anodonte cygne (*Mytilus cygnus*), et l'huitre (*Ostrea edulis*).

Chez ces mollusques, la disposition particulière du foie autour de l'estomac, qui s'y creuse en quelque sorte des cavités plus ou moins profondes et plus ou moins nombreuses, rend l'isolement de l'organe hépatique difficile et même impossible. Néanmoins les résultats qui vont suivre suffisent pour montrer que le tissu du foie contient également du sucre chez ces animaux et que sa sécrétion sucrée se déverse également dans l'estomac, ainsi que nous l'avons dit pour les *gastéropodes*.

1° Sur une grosse anodonte de 41 centimètres de circonférence, très bien nourrie et en pleine digestion (de petites anguilles), j'ai séparé le le tissu du foie en l'isolant autant que possible des parties environnantes. J'obtins ainsi 7 grammes de substance hépatique aussi peu mélangée que possible de tissus étrangers. La décoction donna un liquide opalin offrant beaucoup de graisse à sa surface. Une très petite partie de ce liquide mise en contact avec du liquide cupro-potassique le réduisit complétement. Le reste du liquide fut soumis à la fermentation avec de la levûre de bière, et l'on obtint d'une part, de l'acide carbonique, et, de l'autre, on sépara par la distillation une petite quantité de liquide dans lequel on constata les propriétés caractéristiques de l'alcool.

2° Sur une autre grosse anodonte de 35 centimètres de circonférence, prise pendant l'été et dans les mêmes circonstances que la précédente, le foie fournit une décoction opaline très sucrée qui, par le dosage donna $0^{gr.}$ 833 de sucre, pour 100 parties de tissu hépatique, débarrassé autant que possible des tissus environnants avec lesquels il se mélange.

3° Chez des moules examinées pendant l'été et étant bien vivantes, j'ai constaté de la même manière la présence du sucre dans leur foie. Mais, en outre, j'ai remarqué que le sang pris dans le cœur, ou même le liquide qui s'échappait au moment où l'on ouvrait la coquille de l'animal, réduisaient toujours très évidemment le réactif cupro-potassique, tandis que cela n'avait pas lieu pour les mollusques gastéropodes, tels que les limaces et les escargots.

§ II. Articulés.

Dans les *crustacés décapodes* le foie est volumineux, et chez ces animaux, il contient très évidemment de la matière sucrée. C'est ce que j'ai constaté chez l'écrevisse (*Astacus fluviatilis*), la langouste et le homard (*Astacus marinus*), pris dans la période de la digestion.

Dans les *insectes*, le foie n'est pas déterminé de la même manière par tous les zoologistes et les anatomistes.

Dans tous les insectes (à l'exception des Pucerons et des Kermès), soit ailés, soit à l'état de larves, on trouve à la terminaison du *ventricule chylifique*, ou estomac, un plus ou moins grand nombre de vaisseaux presque toujours simples, fort déliés, capillaires, lisses ou boursouflés, variqueux, tantôt très longs et reployés au milieu des viscères, tantôt courts, mais alors plus multipliés et moins fléchis. Ces organes, dont j'emprunte la description à M. Léon Dufour (1), sont, pour cet entomologiste, des conduits biliaires, et les représentants *du foie* chez les insectes. D'après le même auteur, ces tubes renferment un liquide vert, ou jaune, ou brun, ou violet, ou blanc ou incolore, d'une saveur amère comme *la bile*.

Ces appendices tubulaires de l'intestin des insectes, découverts chez le ver à soie par Malpighi, sous le nom de *vasa varicosa*, et signalés ensuite par Swammerdam sous les noms de vaisseaux aveugles, variqueux, cœcums, n'ont pas la même signification pour tous les naturalistes. Cuvier et Ramdhor (2) les ont regardés comme le foie des insectes. M. Léon Dufour s'est approprié cette dernière opinion en développant en sa faveur des arguments nombreux. Pour établir que les tubes cœcaux des insectes sont les analogues de l'organe hépatique des animaux supérieurs, M. Léon Dufour signale la saveur biliaire de leur contenu; et il insiste spécialement sur leur insertion qui, à l'exemple de ce qui se passe chez les vertébrés, a constamment lieu dans *l'intestin grêle*. Il prouve que les insertions rectales de ces conduits chez les *Mordelles* (3), les *Mélassomes* (4), les *Longi-*

(1) Léon Dufour, *Sur le foie des Insectes* (*Annales des sciences naturelles*, 2ᵉ sér., t. XIX, p. 146).

(2) *Abhandl. über die verdaungwerkr. Verm. Schrift*, t. I.

(3) Léon Dufour, *Métamorph. et anat. des Mordelles.* (*Annales des sciences naturelles*, 2ᵉ sér., t. XIV, p. 225).

(4) *Annales des sciences naturelles*, 2ᵉ sér., t. XIX, p. 152.

cornes (1), les *Hémiptères* (2), ne sont qu'apparentes. M. Laboul-bène (3) a encore démontré, à l'appui des opinions de M. Léon Dufour, que chez les *Anobium* l'insertion rectale des vaisseaux biliaires est également fausse.

En 1817, Rengger indiqua, mais sans preuves, les conduits cœcaux des insectes comme des organes urinaires, mais aujourd'hui cette opinion, soutenue par beaucoup d'auteurs, se fonde sur la présence de l'acide urique dans ces conduits cœcaux des insectes, constaté soit au microscope, soit à l'aide de l'analyse chimique. On voit en effet, en soumettant au microscope le contenu des tubes cœcaux de certains insectes, des cristaux offrant tous les caractères physiques de l'acide urique. Avec M. Rayer, j'ai eu moi-même l'occasion de constater le fait sur les tubes biliaires de diverses chenilles. M. Dumas a démontré chimiquement les caractères de l'acide urique dans un calcul trouvé par M. Audouin dans les tubes hépatiques chez un cerf-volant (*Lucanus cervus*) (4). MM. Chevreul, Milne Edwards et Wurzer ont également trouvé de l'acide urique dans les excréments de divers insectes. Il paraît donc positif qu'il y a de l'acide urique dans les conduits cœcaux des insectes, ce qui n'infirme aucunement l'existence simultanée dans ces mêmes conduits de certains principes constitutifs ou colorants de la bile qui sont évidents, par exemple, chez la courtilière (*Grillo-talpa*).

L'opinion mixte qui regarde les tubes cœcaux des insectes comme des organes *urino-biliaires*, émise par Meckel en 1826, et partagée en France par MM. Audouin et Milne Edwards, s'accorde avec les faits que nous avons précédemment cités. Toutefois, il y a une distinction qu'il me semble nécessaire d'établir relativement à la valeur caractéristique à attribuer aux produits de *la bile* ou de *l'urine*. En effet, un organe est bien plutôt caractérisé par les produits qu'il forme que par ceux qu'il excrète. On ignore le lieu précis de la formation de l'urée et de l'acide urique ; on sait seulement que par l'intermédiaire du sang qui les charrie, ces matières sont habituellement éliminées par les reins. Quand on enlève les reins chez les chiens, l'urée qui ne cesse pas de se

---

(1) *Loc. cit.*, p. 155.

(2) *Annales des sciences naturelles*, t. XIX, p. 177 et suiv.

(3) A. Laboulbène, *Ann. Soc. entomologique de France*, 2ᵉ sér., t. X, p. 339-340.

(4) *Annales des sciences naturelles*, 2ᵉ sér., t. V, p. 129.

former s'accumule plus tard dans le sang, ainsi que l'ont établi les expériences de MM. Dumas et Prévost.

Mais en même temps, j'ai fait voir que l'urée s'élimine par le canal intestinal (1). Ces résultats d'expériences ont été confirmés par des recherches analogues de Stannius, et se trouvent en rapport avec des observations pathologiques de M. Rayer. Les matériaux de l'urine (urée et probablement aussi l'acide urique) peuvent donc s'éliminer par différentes voies et, en particulier, par le canal digestif, qu'on ne saurait à cause de cela considérer comme un appareil urinaire. Chez les insectes, il se pourrait faire que, des appareils urinaires analogues à ceux des vertébrés manquant, cette élimination des matériaux de l'urine par le tube intestinal fût l'état normal, et il n'y aurait rien d'étonnant de trouver ces matériaux dans les vaisseaux cœcaux et peut-être aussi dans d'autres parties du tube intestinal.

Il en est tout autrement des principes essentiels de la bile. Ils prennent naissance dans le foie, qui les excrète, mais qui doit être surtout considéré comme leur appareil formateur.

D'après tout cela, et s'il est bien constaté que les conduits cœcaux des insectes renferment à la fois des produits biliaires et urinaires, il me semble utile de faire sentir que par la dénomination d'organes urino-biliaires, on veut entendre que ces tubes sont des organes biliaires dans lesquels a lieu coïncidemment l'excrétion des matériaux urinaires.

Cette appréciation, qui est en rapport avec l'état actuel de la science, ne pourrait se trouver détruite, que si l'on venait à prouver que, chez les vertébrés, le foie est le lieu de production de l'acide urique sans être son organe excréteur normal.

Relativement à cette question de détermination des *organes urino-biliaires* des insectes, j'ajouterai qu'ils ne représentent certainement pas l'élément sucré du foie; car en ayant réuni un grand nombre et les ayant fait bouillir avec un peu de liquide cupro-potassique, il ne s'est manifesté aucune trace de réduction dans le liquide à l'œil nu, ni même au microscope. J'insisterai sur la valeur de ce caractère négatif parce que, chez les mêmes animaux, j'ai constaté la présence de la réduction du liquide cupro-potassique avec le liquide qui humectait les parois intestinales.

(1) Bernard et Barreswil, *Archives générales de médecine*, 1846.

La présence du sucre peut se comprendre parce qu'on rencontre dans la paroi même de l'intestin des insectes des cellules hépatiques (1). De même aussi chez les annélides, on retrouve dans les parois intestinales, des cellules hépatiques disposées en couche et parfaitement reconnaissables. On est en droit d'admettre, ce me semble, que chez ces animaux, bien que les éléments du foie ne se trouvent pas sous forme d'un organe lobulé et distinct, l'organe existe cependant, mais seulement disséminé dans les parois du canal intestinal où il peut, malgré cela, très bien remplir sa fonction. L'arrangement du foie chez les mollusques lamellibranches où l'organe forme une sorte de couche autour de leur estomac anfractueux, n'est qu'un passage à la disposition qui existerait chez les insectes et les annélides. Enfin, il se pourrait peut-être que les deux fonctions du foie, sécrétion de *sucre* et sécrétion de *bile*, déjà distinctes physiologiquement chez les mollusques, fussent chez les insectes *anatomiquement* séparées, et que les tubes cœcaux correspondissent au *foie biliaire*, tandis que les cellules hépatiques des parois intestinales correspondraient au *foie sucré?*

(1) De Siebold, *Anatomie comparée*, traduct. française, t. I, p. 588.

CONCLUSION GÉNÉRALE.

J'espère que le titre de ce travail sera justifié par les faits qu'il renferme. Je crois, par conséquent, que la physiologie animale s'est enrichie d'une fonction nouvelle, *la sécrétion du sucre*, qui se lie, comme on a pu le voir, d'une manière intime au groupe des phénomènes généraux de la nutrition.

En retrouvant la faculté de produire du sucre dans tous les organismes, depuis l'homme jusqu'aux animaux invertébrés, il vient à la pensée que cette substance doit être indispensable à l'accomplissement des phénomènes de la vie.

Sans doute, les animaux auraient pu emprunter le sucre uniquement aux végétaux, qui en sont si richement pourvus ; mais comme si la nature n'avait pas voulu confier aux caprices d'une alimentation souvent éventuelle, et que la volonté de l'homme ou de l'animal aurait pu encore changer, le soin de cette matière importante, elle a placé dans le corps de l'animal un organe, *le foie*, qui fabrique le sucre avec le sang, quelle que soit, du reste, la nature de l'aliment.

Les philosophes de tous les temps ont bien senti la dépendance subordonnée dans laquelle se trouvent tous les êtres, les uns par rapport aux autres. La chimie moderne a rendu saisissant cet enchaînement des différents règnes de la nature en montrant comment la matière passe successivement du minéral dans le végétal, et de celui-ci dans l'animal, pour servir à des combinaisons de plus en plus complexes, jusqu'à ce que les éléments viennent à se dissocier pour aller recommencer de nouveau ce cercle éternel, qui entretient la vie sans qu'aucune parcelle matérielle ne se perde ni ne se crée. (Voyez *Statique chimique des êtres organisés*, Dumas et Boussingault.)

Mais, par une de ces oppositions que la science présente si souvent à notre raison, il semble que le point de vue contraire soit également vrai, et que chaque être considéré isolément doive, comme l'a déjà dit Aristote, avoir sa fin en soi. Le végétal, en réalité, fabrique sa fécule ou son sucre pour se nourrir et pour accomplir les phénomènes de sa floraison, de sa fructification et de sa germination. L'animal possede également une fabrique de sucre qui lui est propre, et qui est a son usage. Seulement, chez lui, cette sécrétion de matière sucrée aura des fonctions en harmonie avec son organisation, et sera directement liée à l'influence du système nerveux, qui constitue le cachet caractéristique de la nature animale.

Ces dernières questions, qui nous restent à étudier, feront le sujet d'un mémoire prochain.

TABLE DES MATIÈRES.

Lightning Source UK Ltd.
Milton Keynes UK
UKHW020622060119
334855UK00006B/445/P